计算机图形学基础教程（Visual C++版）（第3版）教师用书

孔令德 著

清華大學出版社
北京

内容简介

本书是与“十二五”普通高等教育本科国家级规划教材《计算机图形学基础教程(Visual C++ 版)》(第 3 版)配套的教师用书。全书共 10 章，与主教材的结构相同，每章内容按照知识点、教学时数、教学目标、重点难点、教学案例建议、教学程序、课外作业等内容进行组织。

本书的核心内容是重点难点的讲解，特色是每章均配有一个案例教学程序并给出了详细讲解。教学程序使用 C++ 语言编写，提供了建模与渲染的完整类架构。读者通过扫描二维码可以观看该教学程序的微课讲解视频。凡是使用本书的读者，均可联系作者获得源代码。

本书可作为讲授“计算机图形学”课程的教学参考书，也可作为学生学习本课程的参考用书。

图书在版编目（CIP）数据

计算机图形学基础教程 ：Visual C++版 ：第 3 版：教师用书 / 孔令德著. —北京：清华大学出版社，2024.12

ISBN 978-7-302-55461-5

Ⅰ. ①计… Ⅱ. ①孔… Ⅲ. ①计算机图形学－高等学校－教学参考资料②C++语言－程序设计－高等学校－教学参考资料 Ⅳ. ①TP391.411②TP312.8

中国版本图书馆 CIP 数据核字(2020)第 083947 号

责任编辑：汪汉友　常建丽
封面设计：常雪影
责任校对：梁　毅
责任印制：刘海龙

出版发行：清华大学出版社
　　网　　址：https://www.tup.com.cn，https://www.wqxuetang.com
　　地　　址：北京清华大学学研大厦 A 座　　**邮　　编**：100084
　　社 总 机：010-83470000　　**邮　　购**：010-62786544
　　投稿与读者服务：010-62776969，c-service@tup.tsinghua.edu.cn
　　质量反馈：010-62772015，zhiliang@tup.tsinghua.edu.cn
　　课件下载：https://www.tup.com.cn，010-83470236
印 装 者：三河市君旺印务有限公司
经　　销：全国新华书店
开　　本：185mm×260mm　　**印　张**：11　　**字　　数**：273 千字
版　　次：2024 年 12 月第 1 版　　**印　　次**：2024 年 12 月第1 次印刷
定　　价：39.00 元

产品编号：086340-01

前　言

计算机图形学的教学内容由建模与渲染两部分组成。按照原理编写算法，按照算法生成效果。本书中讲到的三维物体模型和渲染效果全部使用 C++ 编程实现。为了帮助教师更好地使用《计算机图形学基础教程(Visual C++ 版)》(第 3 版)(以下简称主教材)，编写了此书。

主教材分为 10 章。第 1 章为导论，介绍计算机图形学的应用领域、计算机图形学的发展历史、计算机图形学研究的热点技术等。第 2 章为 MFC 绘图基础，介绍 MFC 的绘图函数使用方法以及双缓冲动画技术。第 3 章为基本图形的扫描转换，讲解直线、圆和椭圆的扫描转换算法以及反走样技术。第 4 章为多边形填充，讲解多边形(特别是三角形)填充算法、区域填充算法。第 5 章为二维变换与裁剪，讲解二维几何变换和二维图形裁剪技术。第 6 章为三维变换与投影，讲解三维变换和投影变换。第 7 章为自由曲线与曲面，讲解 Bezier 曲线曲面与 B 样条曲线曲面建模技术。第 8 章为建模与消隐，讲解多面体与曲面体的建模技术，以及可见面判定技术。第 9 章为光照模型，讲解简单光照模型、基于物理的光照模型。第 10 章为纹理映射，讲解函数纹理、图像纹理和凹凸纹理映射技术。主教材的第 3～7 章为基础内容。本书重点内容为第 8～10 章。教材中讲授的原理使用 Visual Studio 2010 编程实现。为了帮助读者掌握微软基类库绘图方法，第 2 章给出了 MFC 基本绘图函数的说明。

推荐教师使用案例化教学法授课，以任务为导向编程实现每个算法的效果。建议的教学主线如下。

(1) 三维建模(包括平面体、曲面体以及自由曲面体)，在第 7、8 章讲解。

(2) 透视投影：为了绘制真实感图形，对三维模型进行透视投影获得二维图像，在第 6 章讲解。

(3) 三维几何变换：让三维模型动起来，便于从不同方向观察三维物体，在第 6 章讲解。

(4) 填充三角形：将物体的网格模型细分为三角形网格，使用光滑着色模式填充三角形面元，在第 4 章讲解。

(5) 消隐：循环表面绘制三维物体的投影，确定哪些表面可见或者部分可见，在第 8 章讲解。

(6) 光照和纹理：根据视点位置、光源位置计算三维物体表面上每个点的颜色。为模型添加纹理、阴影，绘制像照片一样真实的三维物体，在第 9、10 章讲解。

三维模型可以选择球体、立方体或者茶壶。简单模型是立方体、球体、圆柱、圆锥、圆环等模型。复杂模型主要是 Utah 茶壶的建模和自定义的三维曲面物体。初步教学效果是绘制简单模型的线框模型动画，并添加基本的 Gouraud 光照和 Phong 光照。期望的最佳教学效果是绘制 Utah 茶壶，或者用自由曲面建模的光滑物体的纹理光照效果。

本书给出各章的知识点，详细讲解每章的教学目标、重点难点。为了帮助教师更好地提高教学效果，每章都给出一个教学程序，并在最后给出课外作业的布置建议。

孔令德

2024 年 12 月

课程简介

计算机图形学是计算机科学与技术专业的一门专业必修课，授课学时数为 64，理论教学为 52 学时，实验为 12 学时。本课程的教学目标是使学生掌握计算机图形生成与处理方面的基本理论，具备解决科学研究、工程设计与制造中有关图形处理的能力，为后续的课程学习及毕业设计奠定坚实基础。本课程的前导课程为“线性代数”“C++ 程序设计”“数据结构”“计算方法”等。

“计算机图形学”课程以生成真实感光照模型为主线，精选直线的扫描转换、多边形表填充、三维变换与投影、建模与消隐、真实感光照原理等作为教学内容。学生沿教学主线学习后，能够掌握开发一个图形平台的原理和相应的算法，可以动态为场景中的物体添加光源、指定材质、设置纹理，渲染出精美的三维图形。

“计算机图形学”课程采用清华大学出版社出版的《计算机图形学基础教程（Visual C++ 版）》（第 3 版）与《计算机图形学实践教程（Visual C++ 版）》（第 3 版），该教材采用 Visual C++ 的 MFC 框架讲解图形学，可以进行光照模型的真彩色显示。《计算机图形学基础教程（Visual C++ 版）》（第 3 版）中讲解的每个案例在《计算机图形学实践教程（Visual C++ 版）》（第 3 版）中都给出了对应的源程序。此外，计算机图形学课题组还编写了《计算机图形学基础教程（Visual C++ 版）习题解答与编程实践》（第 3 版）和《计算机图形学实验及课程设计（Visual C++ 版）》（第 3 版），打造了计算机图形学系列精品教材。

计算机图形学课堂教学采用“运行案例看效果，讲解原理学算法，现场编程来验证，拓展案例会深挖”的方法进行，该教学模式受到学生的欢迎，获得了很好的课堂教学效果，并为此荣获了山西省教学成果二等奖。

“计算机图形学”课程提供了“计算机图形学实践教学资源库”，包括“验证性资源”“综合性资源”“创新性资源”和“工程化资源”构成的 4 个层次的实践教学资源库。本套资源曾被国内 100 多所院校使用，于 2012 年荣获省级教学成果一等奖。

“计算机图形学”课程打造了“纸质系列教材＋数字化资源＋线上/线下一流课程”的立体化教学平台。

教 学 大 纲

课程名称：计算机图形学

英文名称：Computer Graphics

课程类别：专业选修课程

总学时数：64(理论教学 52 学时，实验教学 12 学时)

学　　分：4

适用专业：计算机科学与技术、数字媒体技术等

先修课程：线性代数、C++ 程序设计、数据结构、计算方法等

考核方式：考查

选用教材：

1.《计算机图形学基础教程(Visual C++ 版)》(第 3 版)，“十二五”普通高等教育国家级规划教材，孔令德编著，清华大学出版社，2020 年。

2.《计算机图形学实践教程(Visual C++ 版)》(第 3 版)，“十二五”普通高等教育国家级规划教材，孔令德编著，清华大学出版社，2020 年。

一、课程内容

理论部分：

第 1 章　导论

(1) 计算机图形学的应用领域

(2) 计算机图形学的概念

(3) 计算机图形学的相关学科

(4) 计算机图形学的确立与发展

(5) 图形显示器的发展及其工作原理

(6) 图形软件标准

(7) 计算机图形学研究的热点技术

第 2 章　MFC 绘图基础

(1) 面向对象程序设计基础

(2) MFC 上机操作步骤

(3) MFC 基本绘图函数

(4) 双缓冲动画技术

第 3 章　基本图形的扫描转换

(1) 直线的扫描转换

(2) 圆的扫描转换

(3) 椭圆的扫描转换

(4) 反走样技术

(5) Wu 反走样算法

第 4 章　多边形填充
(1) 多边形的扫描转换
(2) 边标志算法
(3) 有序边表算法
(4) 边缘填充算法
(5) 区域填充算法
第 5 章　二维变换与裁剪
(1) 图形几何变换基础
(2) 二维图形基本几何变换
(3) 二维图形复合变换
(4) 二维图形裁剪
(5) Cohen-Sutherland 直线段裁剪算法
(6) 中点分割直线段裁剪算法
(7) Liang-Barsky 直线段裁剪算法
(8) 多边形裁剪算法
第 6 章　三维变换与投影
(1) 三维图形几何变换
(2) 三维基本几何变换
(3) 三维图形复合变换
(4) 平行投影
(5) 斜投影
(6) 透视投影
第 7 章　自由曲线与曲面
(1) 基本概念
(2) Bezier 曲线
(3) Bezier 曲面
(4) B 样条曲线
(5) B 样条曲面
第 8 章　建模与消隐
(1) 三维物体的数据结构
(2) 消隐算法分类
(3) 隐线算法
(4) 隐面算法
第 9 章　光照模型
(1) 颜色模型
(2) 简单光照模型
(3) 光滑着色
(4) 聚光灯模型
(5) 局部光照模型

(6) 简单透明模型

(7) 简单阴影模型

第 10 章　纹理映射

(1) 纹理定义

(2) 颜色纹理

(3) 环境纹理

(4) 投影纹理

(5) 两步纹理

(6) 三维纹理

(7) 几何纹理

(8) 纹理反走样

实验部分：

实验一　光滑着色填充三角形

实验二　立方体线框模型透视投影

实验三　绘制 RGB 立方体

实验四　地理划分线框球透视投影

实验五　球体 Gouraud 光滑着色模型

实验六　球体 Phong 光滑着色模型

二、大纲说明

(一) 课程的性质和任务

计算机图形学已经广泛应用于游戏、建筑、动漫、电影、商业广告、教学和培训等领域。因此，本课程是上述各相关专业的重要专业课，是“线性代数”“C++ 程序设计”“数据结构”等课程的综合应用，是一门理论性和实践性都很强的专业必修课。

(二) 课程教学的基本要求

通过课程的学习，使学生熟悉图形生成的基本理论，掌握三维真实感图形的生成算法，并使用 Visual C++ 的 MFC 框架编程实现算法，具备三维基本图形建模与着色的技能。

(1) 三维物体的几何建模方法、双缓冲动画原理、透视投影原理、几何变换原理、三维物体表面光照原理、三维物体纹理映射原理。

(2) 熟练掌握建立立方体、球体的几何模型的方法，能根据原理设计出 Bresenham 直线类、有效边表填充类、透视变换类、Z-Buffer 消隐类、材质类、光源类、光照类等类架构；对任何三维模型，只要修改顶点表和面表数据结构，就可以使用相关的类生成真实感图形。

(3) 了解业界常用的三维图形开发工具，能够使用 OpenGL 绘制三维真实感图形。

(三) 课程内容各层次的教学重点、难点、教学环节及教学方法的建议

1. 导论

重点掌握图形学的定义、光栅扫描显示器的工作原理及图形学的应用领域。

难点是区分图形和图像的概念。

2. MFC 绘图基础

重点掌握 MFC 上机操作步骤、MFC 基本绘图函数。

难点是双缓冲技术的原理及实现。

3. 基本图形的扫描转换

重点掌握直线的扫描转换及反走样算法。

难点是绘制任意斜率的直线及反走样直线。

4. 多边形填充

重点掌握三角形填充原理及算法。

难点是有序边表填充算法的编程实现。

5. 二维变换与裁剪

重点掌握二维基本几何变换。

难点是二维复合变换。

6. 三维变换与投影

重点掌握三维基本几何变换和透视变换。

难点是对三维几何模型施加透视变换,生成透视投影动画。

7. 自由曲线与曲面

重点掌握使用 Bezier 曲面制作 Utah 茶壶。

难点是使用 B 样条曲面制作球体。

8. 建模与消隐

重点掌握使用隐线算法绘制三维物体的线框模型。

难点是使用隐面算法绘制三维物体的表面模型,特别是 Z-Buffer 算法的实现。

9. 光照模型

重点掌握使用 Gouraud 明暗处理模型绘制光照三维物体。

难点是使用 Phong 明暗处理模型绘制光照三维物体。

10. 纹理映射

重点掌握为茶壶表面映射图像纹理。

难点是使用两步纹理映射技术将一幅图像映射到茶壶表面。

在教学过程中,建议教师采用案例化教学方法,首先运行案例演示效果,然后讲解图形生成原理及算法,接着对照讲解代码,最后给出案例拓展的要求。

(四) 本课程与其他课程的联系和分工的说明

本课程是“线性代数”“C++ 程序设计”和“数据结构”的后续课程,是理论与实践密切结合的重要专业课程,为毕业设计做知识储备,要求学生具有图形系统开发的实践动手能力。

(五) 教学时数安排

序号	内　容	理论学时	实践学时	小计
1	导论	2		2
2	MFC 绘图基础	4		4
3	基本图形的扫描转换	4		4
4	多边形填充	6	2	8
5	二维变换与裁剪	6		6
6	三维变换与投影	6	2	8

续表

序号	内　　容	理论学时	实践学时	小计
7	自由曲线与曲面	6		6
8	建模与消隐	6	4	10
9	光照模型	8	4	12
10	纹理映射	4		4
合计		52	12	64

（六）对实践操作、作业习题、考试考核办法及其他教学环节的说明

实践环节要求根据设计任务上机调试程序，并撰写实验报告，课后作业要求独立完成，作业成绩将记入平时成绩。考核方式为考查，根据设计任务提交源程序软件及设计报告。课程结束后安排一周的课程设计。

目　　录

第1章 导　论

本章从计算机图形学的应用领域出发，介绍计算机图形学的定义、图形与图像的基本概念，以及与计算机图形学相关的学科；详细说明计算机图形学的发展史；重点讲解光栅扫描显示器的工作原理；最后介绍计算机图形学的前沿热点技术。

1.1 知识点

(1) 虚拟现实：是利用计算机生成虚拟环境，逼真地模拟人在自然环境中的视觉、听觉、运动等行为的人机交互技术。

(2) 增强现实：是一种将真实环境与虚拟环境实时地叠加到同一场景的技术，可以实现人与虚拟物体的交互。

(3) 混合现实：是合并现实世界和虚拟世界而产生的新可视化环境。

(4) 计算机图形学：是一门研究如何利用计算机表示、生成、处理和显示图形的学科。

(5) 参数法：是在设计阶段采用几何方法建立数学模型时，用形状参数和属性参数描述图形的一种方法。形状参数可以是直线的起点和终点等几何参数；属性参数则包括直线的颜色、线型、宽度等非几何参数。

(6) 点阵法：是在显示阶段用具有颜色信息的像素点阵表示图形的一种方法。

(7) 图形：用参数法描述的图形仍然称为图形。

(8) 图像：用点阵法描述的图形称为图像。

(9) Ivan E. Sutherland：1963年，Sutherland发明的程序"画板"是有史以来第一个交互式绘图系统，这也是交互式计算机绘图的开端。1968年，Sutherland发明了三维头盔显示器，在头盔的封闭环境下利用计算机成像的左右视图匹配生成立体场景，允许用户在虚拟世界中漫游。Sutherland为计算机图形学技术的诞生做出了巨大的贡献，被称为计算机图形学、虚拟现实、人机交互和计算机辅助设计之父。1988年，Ivan E. Sutherland被授予美国计算机学会颁发的图灵奖(A. M. Turing Award)。

(10) Sketchpad：Sketchpad是由Ivan E. Sutherland于1963年在博士论文中撰写的革命性计算机程序，它开创了人机交互界面的先河。

(11) SIGGRAPH：SIGGRAPH(Special Interest Group for Computer Graphics，计算机图形图像特别兴趣小组)成立于1967年，一直致力于推广和发展计算机绘图和动画制作的软硬件技术。从1974年开始，SIGGRAPH每年都会举办一次年会，从1981年开始每年的年会还增加了CG(计算机图形学)展览。大部分计算机图形图像技术软硬件厂商每年都会将最新研究成果拿到SIGGRAPH年会上发布，大部分游戏的计算机动画创作者也将他们本年度最杰出的艺术作品集中在SIGGRAPH上展示。因此，SIGGRAPH在图形图像技术、计算机软硬件以及CG等方面有很大的影响力。

(12) Gouraud明暗处理：Gouraud Shading是一种平滑着色方式，又称为光强插值明暗处理。来源于法国计算机科学家 Henri Gouraud。顾名思义,先根据三角形三个顶点的法矢量计算出这三点的光强,然后沿三角形的边和水平扫描线分别进行插值计算,得出这个三角形内各点的光强。

(13) Phong 明暗处理：Phong Shading 又称为法矢插值明暗处理。这个方法由美国越南裔学者 Phong 于 1973 年的博士论文首度发表。该方法通过插值计算出三角形内每一点的法矢量,然后对每一点调用光照模型计算该点的光强。

(14) 光线跟踪算法：为了生成在三维计算机图形环境中的可见图像,光线跟踪算法模拟了照相机的工作原理。这种方法通过逆向跟踪从假想的照相机镜头发出的射线,经过屏幕上的每一个像素,然后与物体求交,用离镜头最近的交点颜色渲染观察平面上的像素。光线跟踪算法主要用于模拟物体的镜面高光的反射和折射。

(15) 辐射度方法：该方法基于物理学中的能量平衡原理,采用数值求解技术,对封闭场景中的每一物体表面上的辐射能分布进行计算。辐射度方法成功地模拟了封闭空间内的理想漫反射表面间的多重漫反射效果。

(16) 阴极射线管：是将电信号转变为光学图像的一类电子管。CRT(阴极射线管)显示器逐渐被淘汰,取而代之的是液晶显示器。

(17) 光栅扫描显示器：简称光栅显示器,是画点设备,可看作一个点阵单元发生器,并可控制每个点阵单元的亮度。

(18) 扫描线：是计算机显示器上的水平线。扫描线按照步长 1 沿着 y 方向周而复始运动,就像一年中的四季一样规律变化。许多计算机图形学算法都是按照扫描线的运动特点开发的,称为扫描线算法。

(19) 三枪三束：荫罩式三枪三束彩色显像管,装有与显像管管轴成 1°倾斜角,并相互对称按 120°排列成等边三角形“品”字状的三支电子枪,分别发射红(R)、绿(G)、蓝(B)三条电子束。

(20) 荫罩板：是一块凿有许多小孔的热膨胀率很低的钢板。呈三角形排列的 3 支电子枪发射出的 3 个电子束在任一瞬时只有准确瞄准 RGB 荧光点,才能穿过荫罩板上的一个罩孔,激活与之对应的一个 RGB 三原色。

(21) 荫栅：荫栅式显像管是采用条状排列的荧光条。

(22) 帧缓冲：是显示存储器内用于存储图像的一块连续内存区域。

(23) 位面：帧缓冲器使用位面与屏幕像素一一对应,用于保存颜色的深度值。

(24) 视频控制器：用于在帧缓冲与屏幕像素之间建立起一一对应关系。视频控制器反复扫描帧缓冲,读出像素的位置坐标和颜色值送给相应的地址寄存器,并经数模转换后翻译为模拟信号。

(25) 视差图：现实世界是三维立体世界,它为人的双眼提供了两幅具有一定差异的图像,映入双眼后即形成立体视觉所需的视差,这两幅图像称为视差图。

(26) OpenGL：是一种应用程序编程接口,也是一种可以对图形硬件设备特性进行访问的软件库。它是在 SGI 等多家计算机公司的倡导下,以 SGI 的 GL 三维图形库为基础制定的一个通用共享的开放式三维图形标准。

(27) Direct3D：是微软提供的一种三维图形应用程序的接口,它可让以 Windows 为平台的游戏或多媒体程序获得更高的执行效率。

(28) LOD：根据物体距离视点的远近动态调整三维场景内模型的复杂度。当物体覆盖屏幕较小区域时,可以使用该物体描述的较粗模型。

(29) GBR：基于几何的绘制技术是一种经典的技术。通常先建立物体的三维几何模型,然后将照相机拍摄的物体各个侧面的二维照片作为纹理图像映射到几何模型的相应表面上,最后根据光照条件计算透视投影后物体可见表面上的光照效果。

(30) IBR：是一种基于图像的绘制技术。IBR 技术是从一些预先拍摄好的照片出发,通过一定的插值、混合、变形等操作,生成一定范围内不同视点处的真实感图像。近年来,在 IBR 的基础上衍生出了 IBMR,即基于图像的建模与绘制技术。

1.2 教学时数

本章教学时数为 2 学时。详细讲解内容为：计算机图形学的应用领域、计算机图形学的概念、计算机图形学的相关学科、计算机图形学的确立与发展、光栅扫描显示器的工作原理等。粗略讲解内容为：三维图形显示原理及立体显示器、图形软件标准、计算机图形学研究的热点技术等。

1.3 教学目标

1. 了解计算机图形学的应用领域

近年来,计算机图形学已经在游戏、电影、科学、艺术、商业、广告、教学、培训和军事等领域得到广泛应用。社会的需求反过来又推动计算机图形学快速发展。计算机图形学已经形成一个巨大的产业。通过运行 PPT 课件配套的视频资源文件,可激发读者学习“计算机图形学”课程的兴趣。

2. 掌握计算机图形学的基本概念

准确把握计算机图形学的定义。了解图形的参数法表示与点阵法。说明图形与图像概念的异同。

3. 了解计算机图形学的相关学科

与计算机图形学密切相关的学科有计算几何、图像处理和模式识别等,这些学科既有区别,又有联系,而且学科界限已经越来越模糊。计算机图形学正是在这些学科的相互支撑下快速发展的。

4. 了解计算机图形学的发展史

了解计算机图形学之父 Sutherland 对计算机图形学学科的建立所做的贡献,Sketchpad 软件在计算机图形学领域的重要地位。了解光栅图形学算法的发展历程。了解从 Bouknight 提出的第一个光反射模型,到光线跟踪算法和辐射度算法的演化过程。了解计算机图形学的顶级国际学术会议 SIGGRAPH 的盛况,获奖者的信息。

5. 熟悉光栅扫描显示器的工作原理

光栅扫描显示器是画点设备,其工作原理与电视机的工作原理相同。由于能对每一像素的灰度或色彩控制,光栅扫描显示器可以进行实区域填充,这就使得输出真实感图形成为可能,但光栅扫描显示器的物理结构也决定了图像的绘制会出现走样问题。

6. 了解计算机图形学研究的热点技术

为了能做到图形的实时绘制，要求处理好绘制时间与绘制质量的问题。常用的技术有细节层次技术、基于几何的绘制技术和基于图像的绘制技术等。

1.4 重点难点

教学重点：图形学的定义、光栅扫描显示器的工作原理等。教学难点：图形图像的区别、AR 和 MR 的区别、图形学的热点技术等。

1.4.1 教学重点

1. 计算机图形学的定义

一般地，计算机图形学的定义如下：计算机图形学是一门研究如何用计算机表示、生成、处理和显示图形的学科。IEEE 的定义为：Computer graphics is the art or science of producing graphical images with the aid of computer。

2. 计算机图形学之父

1963 年，美国麻省理工学院的 Ivan E. Sutherland 完成 *Sketchpad*：*A Man-Machine Graphical Communication System* 博士学位论文。该论文证明了交互式计算机图形学是一个可行的、有应用价值的研究领域，从而确立了计算机图形学作为一个崭新学科的独立地位。Ivan E. Sutherland 为计算机图形学技术做出了巨大的贡献，被称为计算机图形学之父。

3. 计算机图形学成熟的标志

20 世纪 70 年代是计算机图形学发展过程中一个重要的历史时期。由于光栅扫描显示器的诞生，20 世纪 60 年代就已经萌芽的光栅图形学算法迅速发展起来。1980 年，Turner Whitted 在贝尔实验室提出了光线跟踪算法。1984 年，Cindy M.Goral 等在康奈尔大学提出了辐射度方法。光线跟踪算法与辐射度方法的提出，标志着计算机图形学已经是一门成熟的学科。

4. 光栅扫描显示器的工作原理

光栅扫描显示器采用阴极射线管技术产生电子束，电子束的强度可以不断变化，容易生成颜色连续变化的真实感图像。光栅扫描显示器是画点设备，可看作一个点阵单元发生器，并可控制每个点阵单元的颜色，这些点阵单元被称为像素。光栅扫描显示器不能从单元阵列中的一个可编址的像素点直接画一段直线到达另一个可编址的像素点，只能用最靠近这段直线路径的像素点集近似地表示。显然，只有在绘制水平直线、垂直直线以及 45°直线时，离散像素点集在直线路径上的位置才是准确的，其他情况下绘制的直线段均呈锯齿状。为了显示彩色图像，需要配备彩色光栅扫描显示器。荫罩式彩色显示器的每个像素由呈三角形排列的 RGB 三原色的 3 个荧光点组成，因此需要配备 3 支电子枪与每个彩色荧光点一一对应，叫作"三枪三束"显示器。

5. 三维立体视觉

人的两只眼睛相距 6～7cm，左眼看到的图像和右眼看到的图像有一定的差异，称为视差图(binocular disparity map)。在二维显示器上只要将位置上稍微错开的视差图分别供

“左眼”和“右眼”同时观看,便可以“看到”虚拟三维物体。Ivan E. Sutherland 在 *A Head-Mounted Three-Dimensional Display* 一文中说:“我们所看到的真实物体的视网膜图像是二维的。如果在观察者的视网膜上各放置一幅二维图像,我们就可以创造一个三维物体的幻象。”

6. 事实上的图形软件标准

OpenGL(open graphics library,OpenGL)是 SGI 公司制定的一个通用共享的、开放的、三维图形软件标准。OpenGL 定义了一个跨编程语言、跨平台的编程接口规格的专业图形程序接口。它用于绘制三维图像,是一个功能强大、调用方便的底层图形库。OpenGL 与 Visual C++ 紧密结合,易于学习使用。

Direct3D(简称 D3D)是微软公司在 Microsoft Windows 操作系统上开发的一套 3D 绘图编程接口,是 DirectX 的一部分,目前已得到各种显示卡的支持。Direct3D 与 OpenGL 是计算机绘图软件和计算机游戏最常使用的两套绘图编程接口。自 1996 年发布以来,D3D 以其良好的硬件兼容性和友好的编程方式很快得到广泛的认可,现在几乎所有具有 3D 图形加速的主流显卡都对 D3D 提供良好的支持。但它也有缺陷,由于是以 COM 接口形式提供的,所以较复杂,稳定性差。另外,目前 D3D 只在 Windows 平台上可用。

1.4.2 教学难点

1. 图形与图像的区别

图形的表示方法有两种:参数法和点阵法。参数法是在设计阶段建立几何模型时,用形状参数和属性参数描述图形的一种方法。形状参数可以是点、线、面、体等几何属性的描述;属性参数则是颜色、线型和宽度等非几何属性的描述。一般将用参数法描述的图形称为图形。点阵法是在绘制阶段用具有颜色信息的像素点阵表示图形的一种方法,所描述的图形通常称为图像。计算机图形学就是研究将图形的表示法从参数法转换为点阵法的一门学科。这意味着真实感图形的计算结果是以数字图像的方式提供的,因此图形与图像的界限越来越模糊。尽管如此,二者依然是可以区别的。图形是由场景的几何模型与物体的物理属性共同组成的。图像是指计算机内以位图形式存在的彩色信息。

2. VR、MR 和 AR 的区别

VR 是利用计算设备模拟产生一个三维的虚拟世界,提供用户关于视觉、听觉等感官的模拟,有十足的“沉浸感”“交互性”和“构想性”。典型的输出设备是 Oculus Rift、HTC Vive 等。AR 是增强现实,字面解释是“现实”就在这里,但是被虚拟信息增强了。最典型的 AR 应用是 FaceU。混合现实(MR)则包含了“增强现实”与“增强虚拟”。手机中的赛车游戏与射击游戏,通过重力感应调整方位,那么就是通过重力传感器、陀螺仪等设备将真实世界中的“重力”与“磁力”等特性加到虚拟世界中。MR 与 AR 的区别是:MR 是在虚拟世界中增加现实世界的信息,而 AR 是在真实世界中增加虚拟的信息。

3. 帧缓冲的工作原理

帧缓冲存储器简称帧缓冲,是显示存储器内用于存储图像的一块连续内存空间。光栅扫描显示器使用帧缓冲存储屏幕上每个像素的颜色信息,帧缓冲使用位面与屏幕像素一一对应,用于保存颜色的深度值。当 CRT 电子束自顶向下逐行扫描时,从帧缓冲中取出相应像素的颜色信息绘制在屏幕上。

4. 图形学的热点技术

真实感图形的绘制技术可以分为两类：基于几何的绘制技术（geometry based rendering,GBR）和基于图像的绘制技术（image based rendering,IBR）。

GBR 是一种经典的技术，通过建模、渲染获得真实感光照图形。GBR 技术的缺点是需要烦琐的建模工作，为了模拟出更真实的场景，GBR 的模型越来越复杂，计算规模越来越庞大。生成一幅复杂场景需要很长的时间。单靠提高机器性能已经无法满足实时绘制的需求。真实感实时绘制技术通常是通过损失一定的图形质量达到实时目的，主要是动态调整三维场景内模型的复杂度，这种技术被称为细节层次技术（levels of detail,LOD）。

IBR 是一种基于图像的绘制技术。IBR 技术是从一些预先生成好的照片出发，通过一定的插值、混合、变形等操作，生成一定范围内不同视点处的真实感图像。IBR 技术与场景复杂度相互独立，彻底摆脱了 GBR 技术中场景复杂度的实时瓶颈，绘制真实感图像的时间仅与照片的分辨率有关。IBR 是以景物的 360°全景照片为基础，采用柱面纹理映射模拟现实环境。IBR 不需要建模，但是视点方向的图像失真是最大的问题。因此，视图插值是其关键技术。IBR 技术真实感略差，但是运行速度很快。从一个场景切换到另一个场景，即从一个 360°全景图片围成的范围切换到另一个 360°全景图片围成的范围，需要单击“热点”更换图像。

1.5　教学案例建议

重点讲解立体双图、红青立体图和三维立体画，激发学生的兴趣。视差立体图是 VR 技术的基础。用遥望远方的视线注视远方，将图片插入视线中观察，可以看到图中的三维立体图。图 1-1(a)是凸起的金字塔。图 1-1(b)是一个四边形凹坑。

(a) 凸起的金字塔

(b) 四边形凹坑

图 1-1　三维立体画

1.6　教学程序

建议教师引导学生下载 Fun Morph 软件，如图 1-2 所示，制作一幅“猫变虎”网格变形动画。

制作步骤如下：

（1）导入两幅大小接近的猫、虎的头像图片（格式为.jpg），如图 1-3 所示。

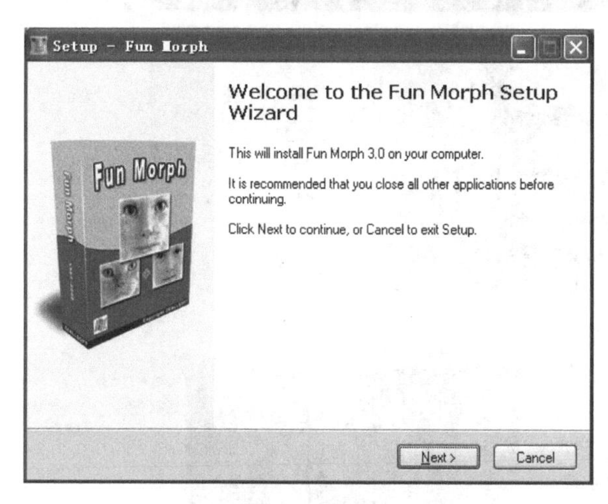

图 1-2　Fun Morph 软件

(a) 猫

(b) 虎

图 1-3　两幅原图

（2）使用“圆点＋”和“圆点－”工具，在左右原图的特征点上设置黄色的关键点（key dot）。关键点成对出现，一般在左图设置关键点，如猫的眼角。将鼠标移动到右图上对应出现的小黄点，待关键点变绿时拖动到老虎的眼角，如图 1-4 所示。

图 1-4　设置关键点

（3）选择查看/显示三角形菜单项，可以观察关键点构成的三角形网格，如图 1-5 所示。此步骤也可省略。

（4）单击“播放/停止”按钮观察动画效果。如果满意，则可以 Flash、Gif、AVI 等多种格式保存；如果不满意，则需要继续增加关键点，直到满意为止。

图 1-5 三角形网格

1.7 课外作业

请课后完成第 1、3、16、18 题。习题解答参见《计算机图形学基础教程(Visual C++版)》(第 3 版)。在完成习题的情况下,可以练习《计算机图形学基础教程(Visual C++ 版)习题解答与编程实践》(第 3 版)中的习题拓展部分,并完成第 3 题。

第2章　MFC绘图基础

本章基于 MFC Application 开发模式，介绍使用 Visual Studio 2010 建立 Test 工程的上机操作步骤。Test 工程为后续的程序设计提供一个程序框架。本章重点讲解 CDC 类的基本绘图函数，综合应用这些函数可以完成一些简单图形的绘制。请读者认真掌握 SetPixel()函数或 SetPixelV()函数，这是后续算法中常用到的基本函数。使用双缓冲技术制作二维动画，有效解决了屏幕动态刷新的问题，能够一边在内存中准备图像，一边在屏幕上显示图像。

本章为选学章节。如果学生已经掌握 MFC 的相关函数的使用方法，可以跳过本章学习第3章；如果学生没有接触过 MFC，建议通过上机自学本章全部内容。无论学生是否学习过 MFC，教师至少应该讲解双缓冲动画技术，引导学生制作二维图形动画。

2.1　知识点

(1) MFC：全称为 Microsoft Foundation Class。微软公司以 C++ 类库的形式封装了 Windows API，并且包含一个应用程序框架。

(2) CDC：设备上下文类，其成员函数提供了对设备上下文的操作，如显示器与打印机。

(3) 画笔：用于绘制封闭图形的边界线，由 CPen 类定义。画笔通常具有线型、宽度和颜色3种属性。默认画笔绘制1像素宽度的黑色实线。

(4) 画刷：用于填充封闭图形的内部，由 CBrush 类定义。画刷可以是实体画刷、阴影画刷和图案画刷。默认的实体画刷是白色画刷。

(5) 窗口：一种逻辑坐标系下的矩形区域，代表视点观察的区域。

(6) 视区：一种设备坐标系下的矩形区域，代表屏幕显示的区域。

(7) 设备坐标系：原点位于窗口客户区的左上角，x 轴水平向右为正，y 轴垂直向下为正，单位为一个像素。

(8) 自定义坐标系：原点位于窗口客户区中心，x 轴水平向右为正，y 轴垂直向上为正，单位为一个像素。

(9) 单缓冲绘图：直接将图形绘制到显示缓冲区，所以制作动画时需要不断擦除屏幕，这会引起屏幕闪烁。单缓冲绘图类似于直接在黑板上写字，改变文字内容时需要擦除屏幕后重写。

(10) 双缓冲绘图：先将图形绘制到内存缓冲区，然后再从内存缓冲区中将图形一次性复制到显示缓冲区。双缓冲绘图类似于使用投影仪将课件内容投影到白色幕布上。改变投影内容时，只需要改变课件内的文字，白色幕布上什么也没有写，不需要擦除。

2.2 教学时数

本章教学时数为4学时。详细讲解内容为：自定义二维坐标系的方法、直线绘制函数、双缓冲动画技术等。粗略讲解内容为：MFC上机操作步骤、使用颜色、GDI绘图工具、CDC类基本绘图函数等。考虑到各个学校虽然讲授了面向对象的C++语言，但是学生基本不会使用C++语言绘图，而且大部分学校都没有开设MFC课程。所以，本章从MFC的上机操作步骤出发，详细讲解CDC类的基本绘图函数。由于后续教学中仅使用本章的自定义坐标系、绘制像素点函数和双缓冲动画技术内容，因此教师要引导学生自学。

2.3 教学目标

1. 了解MFC上机操作步骤

基于Windows 7操作系统，使用Microsoft Visual Studio 2010 Ultimate开发平台，讲解使用MFC Application Wizard建立单文档应用程序——Test工程的上机操作步骤。

2. 了解OnDraw()函数的作用

视图类的实现文件(TestView.cpp)中有一个重要的成员函数OnDraw()。每当视区需要重新绘制时，系统就会自动调用OnDraw()函数。可以将OnDraw()函数看作在窗口视区绘图的出发点。OnDraw()是一个处理图形的虚函数，带有一个指向设备上下文的指针pDC。注意，OnDraw()定义文件中，pDC被系统注释了，但编译程序时并不发生错误，这是因为OnDraw()函数是一个纯虚函数。编程时，先去掉pDC前后的注释，就可以使用OnDraw()的参数pDC调用CDC类的成员函数进行绘图。

```
void CTestView::OnDraw(CDC* /*pDC*/)        //编程前,先去掉 pDC 前后的注释
{
    CTestDoc* pDoc =GetDocument();
    ASSERT_VALID(pDoc);
    if (!pDoc)
        return;
    // TODO: add draw code for native data here
}
```

3. 熟悉自定义二维坐标系的方法

图形动画一般围绕图形中心进行旋转。计算机图形学中常将建模坐标系原点设置为窗口客户区中心。MFC中，使用自定义映射模式可将设备坐标系映射为自定义坐标系：x轴水平向右为正，y轴垂直向上为正，原点位于客户区中心。此时客户区被划分为4个象限，x和y坐标都出现了负值。

4. 熟悉GDI绘图工具的使用方法

GDI对象包括画笔、画刷、字体、位图等资源。GDI对象可以作为绘图工具使用。画笔用于绘制线条，画刷用于填充闭合图形的内部，字体用于输出文本，位图用于制作屏幕背景或者纹理。MFC提供的GDI对象类包括CPen、CBrush、CFont、CBitmap等。

5. 掌握基本绘图函数

熟练掌握绘制像素点函数、绘制直线函数、绘制矩形函数、绘制椭圆函数、路径层函数、位图函数、文本函数等的使用方法。

6. 掌握双缓冲动画技术

双缓冲绘图是一种基本的动画技术，主要是基于内存设备上下文与显示设备上下文制作光滑过渡、无闪烁的动画。这是本章讲解的重点内容。

2.4 重点难点

教学重点：新建单文档工程、画笔与画刷函数、基本绘图函数等。教学难点：映射模式、双缓冲动画技术等。

2.4.1 教学重点

1. 新建单文档工程

建立一个新工程，工程名取为 Test。在 MFC Application Wizard 的引导下建立一个单文档应用程序框架，步骤如下。

(1) 如图 2-1 所示，从 Windows 7 操作系统的“开始”菜单中启动 Microsoft Visual Studio 2010，出现图 2-2 所示的启动画面后，打开如图 2-3 所示的 Start Page 页面。

图 2-1 Microsoft Visual Studio 2010 启动菜单

(2) 在 Start Page 页面中选择 New Project，出现如图 2-4 所示的 New Project 对话框。在对话框上部中间区域内选择 MFC Application。设置工程名 Name 为 Test。设置 Location 为 D:\。取消勾选 Create directory for solution，即不为解决方案创建文件夹。单击 OK 按钮。

图 2-2　启动画面

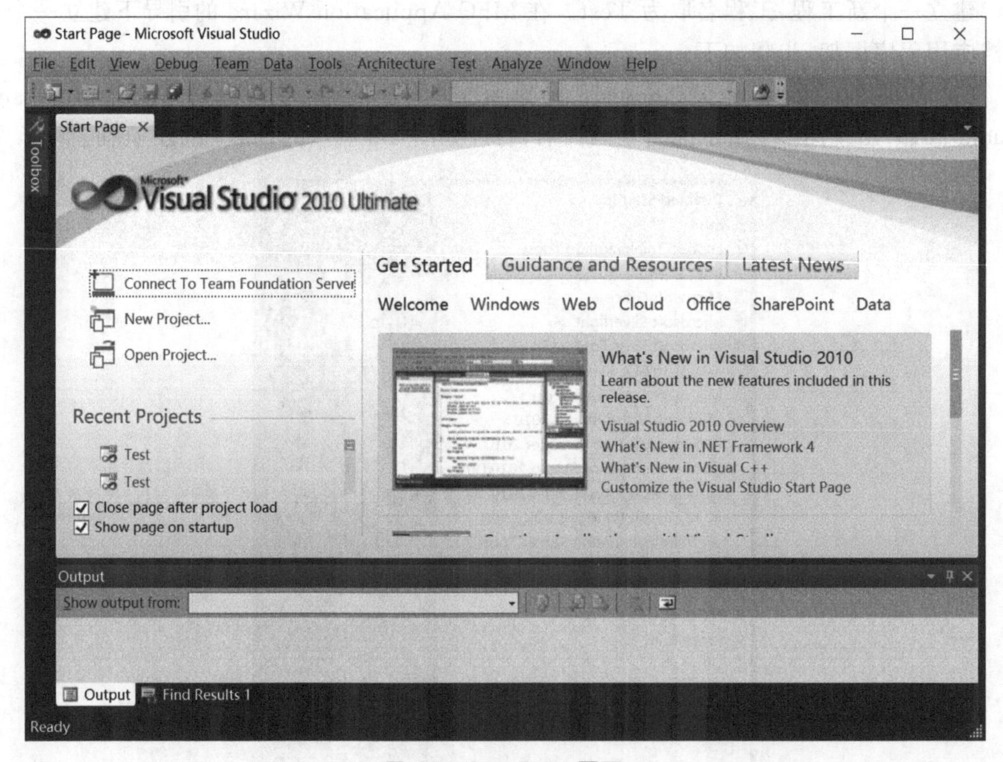

图 2-3　Start Page 页面

（3）在图 2-5 所示的 MFC Application Wizard-Test 对话框中，面板标题为 Welcome to the MFC Application Wizard，单击 Next 按钮。

（4）在图 2-6 所示的 Application Type 面板中选择 Single document 类型。Project style 选择 MFC standard 风格。单击 Finish 按钮，结束 MFC 应用程序向导。

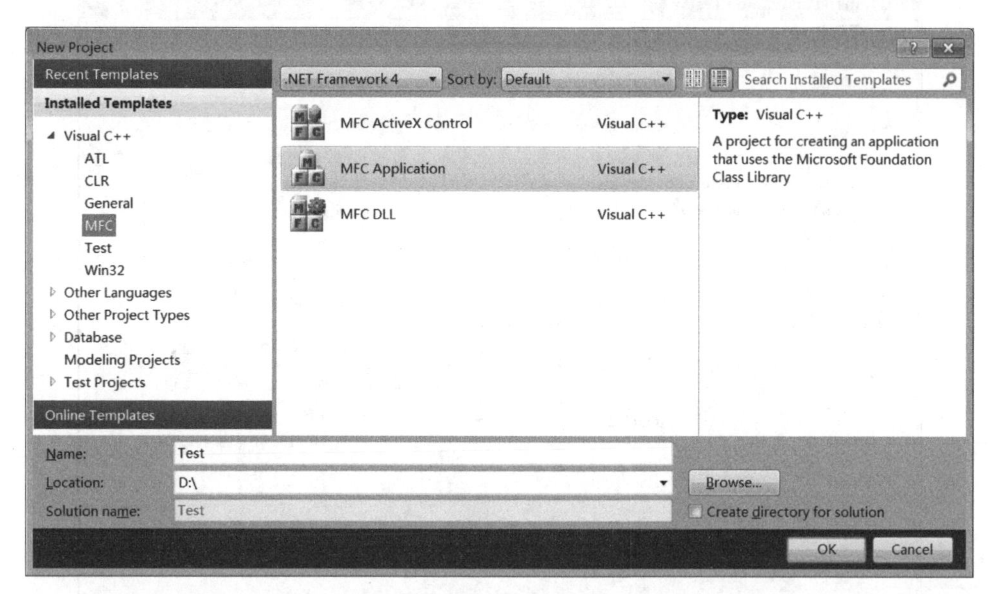

图 2-4 New Project 对话框

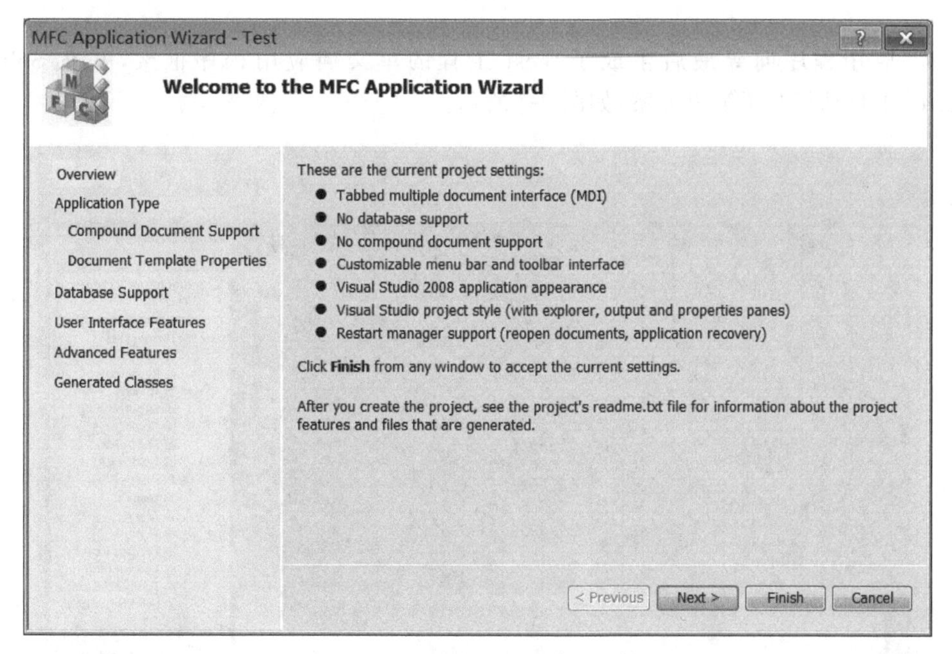

图 2-5 MFC 应用向导欢迎面板

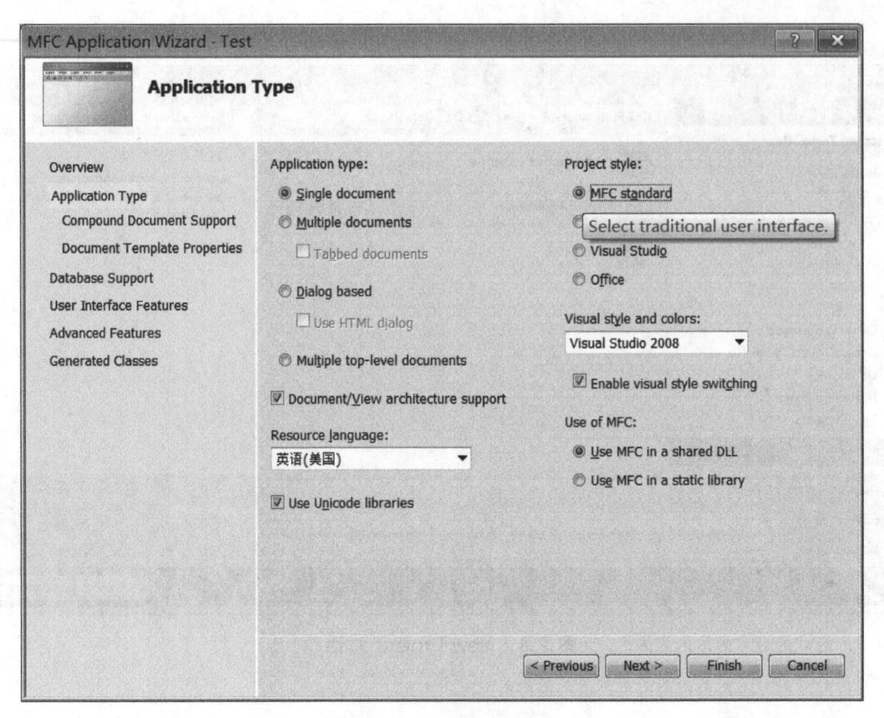

图 2-6　应用类型面板

(5) 应用程序向导最后生成了 Test 工程的单文档应用程序框架，并在 Solution Explorer 中自动打开了解决方案，如图 2-7 所示。

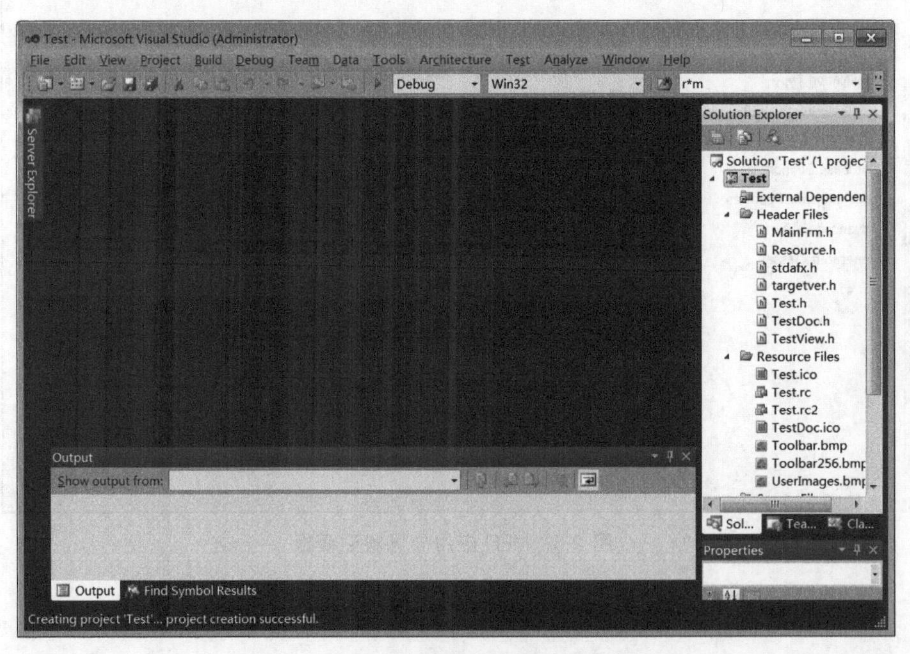

图 2-7　集成开发环境

(6) 单击工具条上的▶按钮，就可以直接编译、链接、运行 Test 程序。运行效果图如

图 2-8 所示。

图 2-8　Test 工程运行效果图

2. 画笔与画刷函数

画笔用来绘制直线、曲线或区域的边界线。默认的画笔是 1 个像素宽度的黑色实线画笔。画刷用于对封闭图形的内部进行填充。默认的画刷是白色画刷。二者使用方法的共同特征为：绘图开始前，创建新画笔或新画刷对象后，将其选入当前设备上下文中，同时保存原画笔或画刷的指针。使用新画笔或新画刷进行绘图。绘图结束后，使用已保存的旧画笔或旧画刷指针将设备上下文恢复原状。除了自定义的 GDI（图形设备接口）对象外，Windows 系统中还准备了一些使用频率较高的画笔和画刷，称为库画笔或库画刷。库对象不需要创建，可以直接选用。同样，使用完库对象后，也不需要调用 DeleteObject() 函数将其从内存中删除。最常用的库对象是透明画笔和透明画刷，用于不绘制图形的边界线或者不填充封闭图形内部。

3. 基本绘图函数

1）像素点函数

像素点的实际形状是一个正方形，其颜色不可再分，参数有位置坐标(x,y)和颜色 c。如图 2-9 所示，这是一个放大的像素点。绘制像素点有 SetPixel() 和 SetPixelV() 两种函数形式，前者的返回值是所绘制的像素点的颜色，后者的返回值是一个逻辑值。SetPixelV() 函数因为不需要返回实际绘制的像素点的颜色值，因此执行速度比 SetPixel() 函数快。计算机图形学中，绘制像素点函数是最基本的绘图函数，直线是由像素点组成的，多边形是由像素点填充的，提高像素点的绘制速度可以有效提

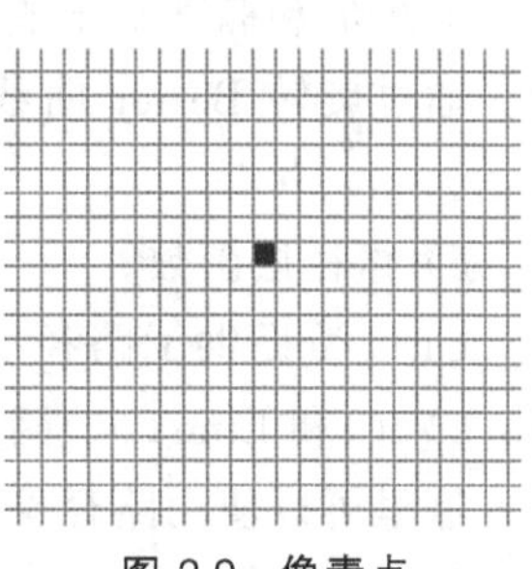

图 2-9　像素点

高图形渲染速度。因此，要重点掌握 SetPixelV()函数的用法。

2）直线函数

组合使用 MoveTo()和 LineTo()函数可以绘制直线段或折线。直线的绘制过程中有一个称为“当前位置”的特殊点。每次绘制直线段都是以当前位置为起点，直线段绘制结束后，直线段的终点又成为新的当前位置。由于当前位置在不断更新，连续使用 LineTo()函数可以绘制连续的折线。如果程序中不改变默认的画笔，所绘直线是一个像素宽度的黑色实线。MSDN 指出：绘制直线时，端点的绘制一般采用“起点闭区间、终点开区间”的处理方法，即一段直线终点处的颜色由下一段直线起点处的颜色填充。图 2-10 中，P_0P_1为一段红色直线，起点 P_0为红色，终点 P_1不绘制；P_1P_2为一段绿色直线，起点 P_1为绿色，终点 P_2不绘制；P_2P_0为一段蓝色直线，起点 P_2为蓝色，终点 P_0不绘制，依旧保持为红色。

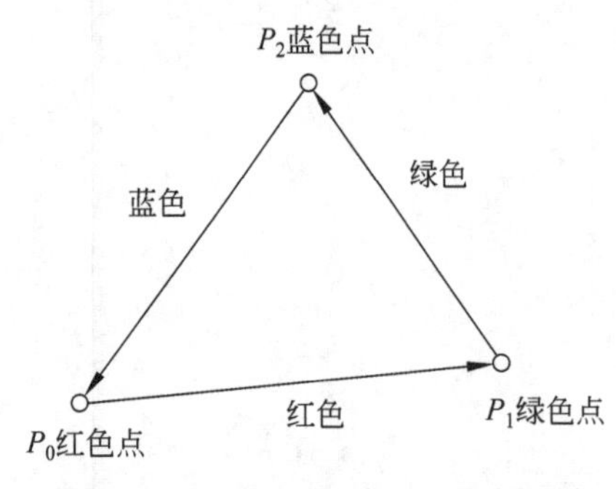

图 2-10　使用有向直线绘制三角形

3）矩形函数

矩形的边界总是平行于屏幕边界，因此，在设备坐标系内使用左上角点和右下角点定义矩形。默认矩形的边界是一个像素宽度的黑色实线，矩形内部使用白色默认画刷填充。根据 MSDN，矩形填充时，只填充矩形的左边界与上边界，不填充矩形的右边界与下边界，即所谓“左闭右开，上闭下开”，这种填充方法是为了方便多个矩形的拼接。本教材使用的是自定义坐标系，y 轴改为垂直向上为正，所以定义矩形时，使用的是左下角点和右上角点。填充矩形时，使用的原则是“左闭右开，下闭上开”。绘制矩形线框图时，有时会使用透明空画刷(NULL_BRUSH)填充矩形内部，以使其不覆盖矩形后面的其他图形。在库画刷的列表里，也有空心画刷(HOLLOW_BRUSH)，其实二者的填充效果是相同的。为了证明，可以在 MFC 中选中 NULL_BRUSH 和 HOLLOW_BRUSH，右键查看其宏定义值，结果如下。

```
#define NULL_BRUSH          5
#define HOLLOW_BRUSH        NULL_BRUSH
```

4）椭圆函数

椭圆是按照矩形的内接图形定义的。由于矩形的边界平行于窗口边界，所以，MFC 中绘制的矩形和椭圆都不能旋转。如果一定要旋转椭圆，常使用 4 段 3 次 Bezier 曲线绘制椭圆。通过旋转 Bezier 曲线的控制点，达到旋转椭圆的目的。椭圆旋转的效果如图 2-11 所示。

5）路径层函数

CDC 类提供了路径层(path bracket)的概念，可以在路径层内绘图。例如，配合使用 MoveTo()和 LineTo()函数，可以绘制一个闭合的多边形，问题是如何对该多边形进行填充？这里可以使用路径层函数实现。CDC 类提供了 BeginPath()和 EndPath()两个函数定义路径层。BeginPath()函数的作用是在设备上下文中打开一个路径层，然后利用 CDC 类

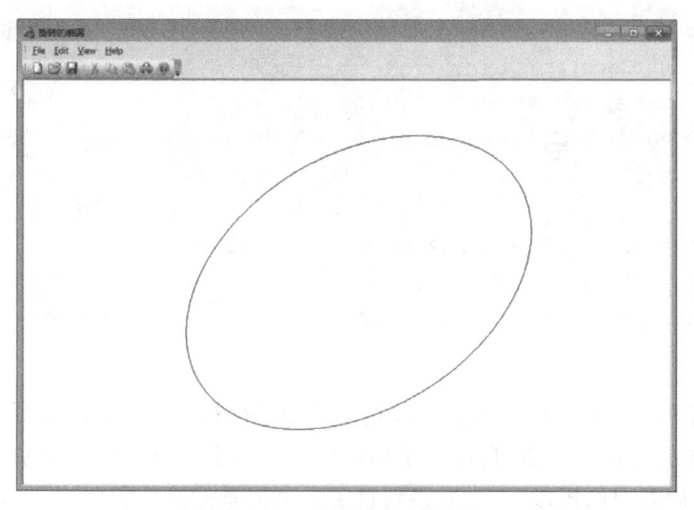

图 2-11 椭圆旋转的效果

的成员函数进行绘图操作。绘图操作完成之后,调用 EndPath()函数关闭当前路径层。使用路径层函数的目的是,对使用 MoveTo()函数和 LineTo()函数绘制的多边形调用 FillPath()函数进行着色。

6) 位图函数

如何将一幅位图设置为窗口客户区的背景?方法是:先将位图导入资源中,然后使用块传输函数将该位图显示在窗口客户区内。重点掌握两个块传输函数 BitBlt()或 StretchBlt()的用法。BitBlt()函数不对位图进行拉伸,按位图的实际大小进行绘制;StretchBlt()函数对位图进行拉伸或压缩,以适合目标矩形的大小。

7) 文本函数

MFC 的窗口客户区默认情况下是用来绘制图形的。在客户区中输出文本时,需要调用文本函数。通常使用 Format()函数将文本格式化为字符串后,才能使用 TextOutW()函数输出。

2.4.2 教学难点

1. 映射模式

将图形显示到设备坐标系中的过程称为映射。根据映射模式的不同,可以分为逻辑坐标和设备坐标。逻辑坐标的单位是米制尺度或英制尺度。设备坐标的单位是像素。注意:使用各向同性的映射模式 MM_ISOTROPIC 和各向异性的映射模式 MM_ANISOTROPIC 时,需要调用 SetWindowExt()和 SetViewportExt()函数改变窗口和视区的设置。

将设备坐标系改造为自定义坐标系的代码如下。

```
void CTestView::OnDraw(CDC * pDC)
{
    CTestDoc * pDoc =GetDocument();
    ASSERT_VALID(pDoc);
    // TODO: add draw code for native data here
```

```
#1    CRect rect;                                                    //定义矩形对象
#2    GetClientRect(&rect);                                          //获取窗口客户区信息
#3    pDC->SetMapMode(MM_ANISOTROPIC);                               //设置各向异性映射模式
#4    pDC->SetWindowExt(rect.Width(),rect.Height());                 //设置窗口范围
#5    pDC->SetViewportExt(rect.Width(),-rect.Height());
                                          //设置视区范围:x轴水平向右为正,y轴垂直向上为正
#6    pDC->SetViewportOrg(rect.Width()/2,rect.Height()/2);
                                                                     //设置视区中心为坐标系原点
#7    rect.OffsetRect(-rect.Width()/2,-rect.Height()/2); //校正rect矩形位置
  }
```

这段代码将系统提供的设备坐标系改造为自定义坐标系,如图 2-12 所示。设备坐标系中 x 坐标和 y 坐标全部为正值,自定义坐标系中 x 坐标和 y 坐标有正有负。坐标系改造后带来的问题是:原客户区矩形 rect,平移到自定义坐标系的第一象限内,不再覆盖整个客户区,为此需要将其向左下方移动,如图 2-13 所示。设备坐标系中矩形的左上角点和右下角点由于 y 轴的 180°翻转而变为左下角点与右上角点,这一点请读者注意。

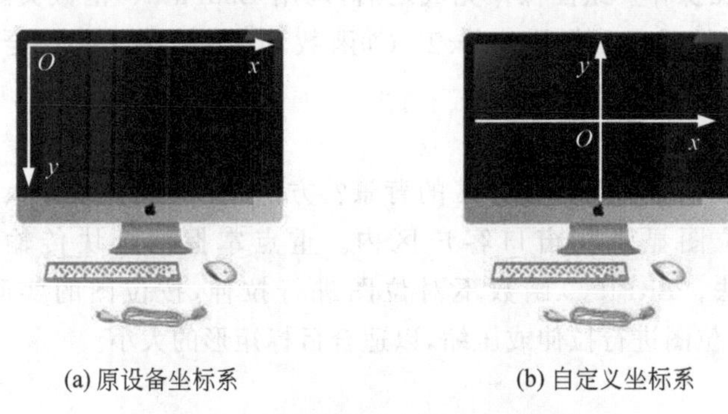

(a) 原设备坐标系　　(b) 自定义坐标系

图 2-12　基于模式映射改造坐标系

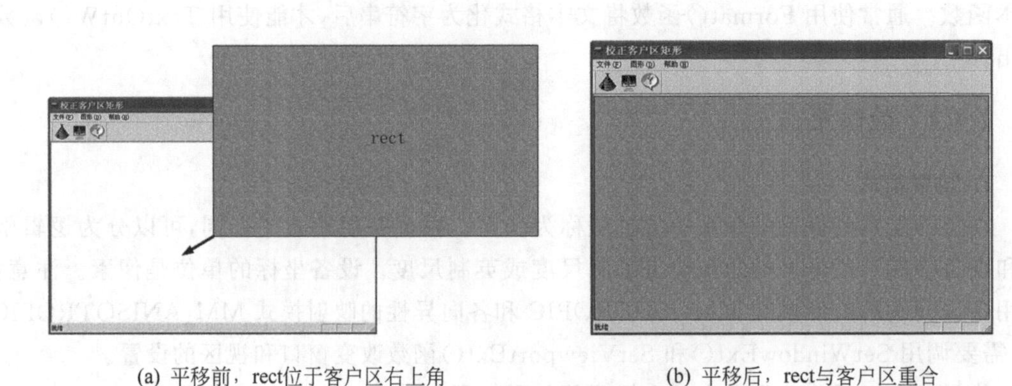

(a) 平移前,rect位于客户区右上角　　(b) 平移后,rect与客户区重合

图 2-13　校正 rect 矩形位置

2. 双缓冲动画技术

双缓冲机制是一种基本的动画技术,主要用于解决单缓冲绘图时频繁擦除图像带来的屏幕闪烁问题。所谓双缓冲,是指一个显示缓冲区(显示设备上下文)和一个内存缓冲区(内

存设备上下文)。图 2-14 是单缓冲绘图原理示意图。由于直接将图形绘制到了显示缓冲区,所以制作旋转动画时需要不断擦除屏幕,这会引起屏幕闪烁。图 2-15 是双缓冲绘图原理示意图。第 1 步将图形绘制到内存缓冲区。当完成所有绘图操作后,第 2 步从内存缓冲区中将图形一次性复制到显示缓冲区。内存缓冲区用于准备图形。显示缓冲区用于显示图形。图形先绘制到内存缓冲区。而不是直接绘制到显示缓冲区,显示缓冲区只是内存缓冲区的一个映像。每一帧动画只执行一个图形从内存缓冲区到显示缓冲区的复制操作。双缓冲机制的原理表明:显示缓冲区相当于透明玻璃,上面什么也没画,根本不需要擦除。双缓冲技术有效避免了屏幕闪烁现象,可生成平滑的逐帧动画。

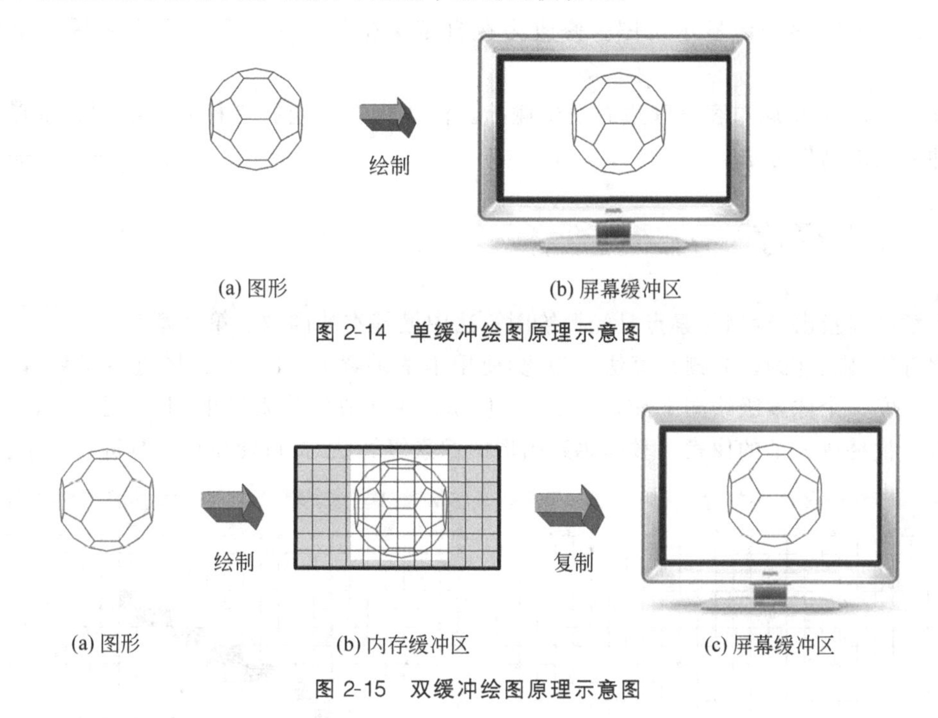

图 2-14 单缓冲绘图原理示意图

图 2-15 双缓冲绘图原理示意图

2.5 教学案例建议

如果学生的 MFC 编程基础较好,建议讲授基础教程第 2 章的“阴阳鱼太极图”。这个案例综合使用了双缓冲动画、扇形函数、Pie()函数。BitBlt()函数是制作动画的基本函数,负责将内存缓冲区内的图形一次性复制到显示缓冲区。设置定时器函数 SetTimer()和关闭定时器函数 KillTimer(),可以让动画动起来或停下来。

教师要通过上机操作,一步一步指导学生学会在 D 分区内新建 Test 工程案例。不建议学生使用自定义名字新建工程,如名字叫李刚的同学,不建议将工程名命名为 lg。原因是:这样命名的工程文件没有通用性,不能在别的案例中替换使用。如果确实需要改变 Test 工程名字,建议建立完 Test 工程后,将 Test 文件夹名字改为想要的名字。

函数部分重点讲授绘制像素点案例、直线案例、矩形案例和椭圆案例。双缓冲动画部分重点讲授小球与客户区边界碰撞动画案例和阴阳鱼动画案例。建议课堂讲授案例如下。

(1) 例 2-3 绘制像素点函数。本例是在设备坐标系下绘制,可以修改为在自定义坐标系绘制像素点。

(2) 例 2-4 绘制直线函数。修改为在自定义坐标系下绘制。重点讲授使用画笔更改直线颜色。

(3) 例 2-5 绘制矩形函数。修改为在自定义坐标系下绘制。重点讲授使用画笔更改边界颜色和使用画刷更改内部填充色。

(4) 例 2-6 绘制椭圆函数。修改为在自定义坐标系下绘制。重点讲授使用椭圆函数绘制圆。

(5) 例 2-15 客户区显示位图。修改为在自定义坐标系下绘制。重点讲授居中显示位图。

(6) 例 2-17 小球与客户区边界发生碰撞。修改为在自定义坐标系下绘制。重点讲授双缓冲动画的制作方法。

2.6 教学程序

本章已经指出,绘制像素点是光栅绘图算法中最基本的函数。第 3 章将讲解直线、圆、椭圆的光栅化算法。为此,使用本章讲解的 CDC 类绘图基本函数,以案例化方法开发一个像素级绘图工具,如图 2-16 所示。由于真实像素很小,不方便观察,所以使用正方形代替放大了的像素。教师讲解图形的像素级算法时,可使用该工具进行教学。

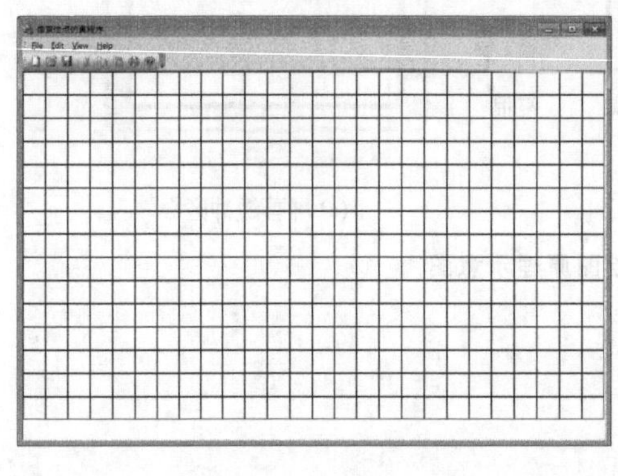

(a) 初始状态

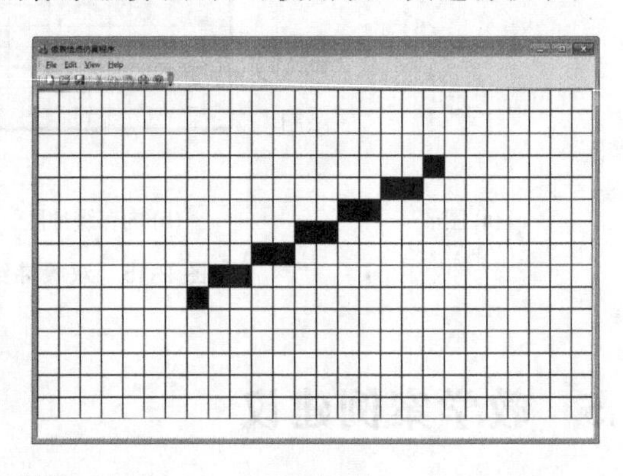

(b) 绘制直线

图 2-16 像素级绘图程序

2.6.1 程序描述

将窗口客户区等分为 $m \times n$ 个小正方形网格,每个正方形代表一个放大的像素点。单击任一“像素”时,其填充色由白变黑;再次单击该“像素”时,其填充色恢复为原色。请在客户坐标系中编程实现。

2.6.2 程序设计

本案例用于模拟像素级绘图过程,工程名字取为 Test。自定义正方形类 CSquare 代表放大的像素，数据成员为正方形的边长 nLength 和正方形的左上角点坐标 pt，成员函数为正方形填充函数 FillSquare()。

为 Test 工程添加自定义类 CSquare：在 Test 工程中的 ClassView 里选中 Test 工程右击，选择 Add→New Class，添加 C++ Class。类名取为 CSquare。

CSquare 类的头文件为

```
class CSquare
{
public:
        CSquare(void);
~         CSquare(void);
#1        CSquare(int nLength, CPoint pt);                       //带参构造函数
#2        void FillSquare(CDC * pDC, COLORREF BrushClr);         //填充正方形函数
#3     private:
#4        int nLength;                                           //正方形的边长
#5        CPoint pt;                                             //正方形的左上角点坐标
};
```

程序说明：正方形由左上角点坐标 pt 和边长 nLength 定义。在代码的灰色编号部分，第 2 行语句定义正方形填充函数 FillSquare()，BrushClr 参数代表画刷颜色值。

CSquare 类的实现文件为

```
CSquare::CSquare(void)
{
    nLength=1;
    pt=CPoint(0,0);
}
CSquare::~CSquare(void)
{
}
#1     CSquare::CSquare(int nLength, CPoint pt)
#2     {
#3         this->nLength =nLength;
#4         this->pt =pt;
#5     }
#6     void CSquare::FillSquare(CDC * pDC, COLORREF BrushClr)
#7     {
#8         CBrush NewBrush, * pOldBrush;
#9         NewBrush.CreateSolidBrush(BrushClr);
#10        pOldBrush =pDC->SelectObject(&NewBrush);
#11      pDC->Rectangle(pt.x , pt.y , pt.x +nLength, pt.y +nLength);
#12      pDC->SelectObject(pOldBrush);
#13    }
```

程序说明：在代码的灰色编号部分，第1～5行语句读入外部参数，为类的数据成员赋值，这是类对外的接口函数，参数为正方形的边长 nLength 与左上角点坐标 pt。由于函数的形参参数名与数据成员名相同，因此需要使用 this 指针进行区别。第6～13行语句定义正方形填充函数。第11行语句使用 Rectangle()函数填充由左上角点坐标 pt 和边长 nLength 定义的正方形。画刷的颜色 BrushClr 由外部提供。

2.6.3 程序实现

在 CTestView 类中调用 CSquare 类对象在窗口客户区中绘制正方形网格。单击任一正方形网格，该填充色发生改变，如从白色变为黑色；再次单击该正方形网格，填充色恢复到原来的颜色，如从黑色变为白色。

1）在 TestView.h 中添加数据成员的声明

```
protected:
#1        int nRowCount, nColCount;
#2        COLORREF BackClrOld, BackClrNew;
#3        int nSquareLength;
```

程序说明：在代码的灰色编号部分，第1行语句定义网格的行数和列数。第2行语句定义背景色，BackClrOld 为正方形的原背景色，BackClrNew 为正方形的新背景色。第3行语句定义正方形的边长 nSquareLength。

2）在 TestView.cpp 中修改或添加成员函数

在构造函数中进行数据成员赋值。在 OnDraw()函数中绘制网格线。添加 WM_LBUTTONDOWN 消息的响应函数，单击改变正方形的填充色。

```
CTestView::CTestView()
{
      // TODO: add construction code here
#1        nSquareLength =40;
#2        BackClrOld =RGB(255, 255, 255);
#3        BackClrNew =RGB(0, 0, 0);
}
```

程序说明：在代码的灰色编号部分，第1行语句定义正方形的边长。第2行语句定义原背景色为白色。第3行语句定义正方形的新背景色为黑色。

```
void CTestView::OnDraw(CDC * pDC)
{
      CTestDoc * pDoc =GetDocument();
      ASSERT_VALID(pDoc);
      if (!pDoc)
         return;
#1        CRect rect;
#2        GetClientRect(&rect);
#3        nRowCount =rect.Height() / nSquareLength;
```

```
#4          nColCount =rect.Width() / nSquareLength;
#5          for(int i =0;i <nColCount; i++)
#6              for(int j =0;j <nRowCount; j++)
#7              {
#8                  CSquare square (nSquareLength, CPoint(i * nSquareLength, j *
                    nSquareLength));
#9                  square.FillSquare(pDC, BackClrOld);
#10             }
}
```

程序说明：在代码的灰色编号部分，第 3、4 行语句计算正方形的行数和列数。第 8 行语句构造正方形 square。第 9 行语句绘制背景色为 BackClrOld 的正方形。

```
void CTestView::OnLButtonDown(UINT nFlags, CPoint point)
{
        // TODO: Add your message handler code here and/or call default
#1          CDC * pDC =GetDC();
#2          CPoint pt(point.x / nSquareLength * nSquareLength, point.y / nSquareLength
            * nSquareLength);
#3          CSquare square (nSquareLength, pt);
#4          COLORREF CurClr =pDC->GetPixel(point);
#5          if(BackClrOld ==CurClr)
#6              square.FillSquare(pDC, BackClrNew);
#7          else
#8              square.FillSquare(pDC, BackClrOld);
#9          ReleaseDC(pDC);
            CView::OnLButtonDown(nFlags, point);
}
```

程序说明：在代码的灰色编号部分，第 2 行语句根据鼠标光标的坐标计算正方形的左上角点坐标。这是一个非常有技巧的算法，point.x / nSquareLength 或 point.y / nSquareLength 的操作是整除，整除后乘以 nSquareLength 的结果是包含鼠标光标 point 位置的正方形的左上角点坐标。该算法的执行顺序是：先执行除法，再执行乘法。第 3 行语句构造正方形 square。第 4 行语句获取鼠标光标处的颜色。第 5～8 行语句判断鼠标当前点的颜色 CurClr，如果是原背景色，则改为新背景色，否则恢复原背景色。连续单击可以绘制一段任意直线，对于不满意的位置，可以再次单击正方形恢复原颜色。

2.6.4 程序总结

本程序的自定义正方形类封装了绘制正方形的操作。在 CTestView 类中添加鼠标左键按下的响应函数，对正方形“像素”进行选择。本程序为第 3 章讲解像素级扫描转换算法提供了一种绘图工具，方便教师授课使用。将像素放大为正方形后，有助于将计算机图形学的绘制过程可视化。读者可以从微观角度深入理解计算机图形学算法的执行过程。

2.7 课外作业

请课后完成第 1、2、4、6 题。习题解答参见《计算机图形学基础教程（Visual C++ 版）习题解答与编程实践》（第 3 版）。在完成全部习题的情况下，可以继续学习《计算机图形学基础教程（Visual C++ 版）习题解答与编程实践》（第 3 版）的习题拓展部分，并完成第 4、5 题。

第 3 章 基本图形的扫描转换

本章从像素级角度出发，研究直线、圆和椭圆等基本图形的光栅化算法。光栅扫描显示器是画点设备，基本图形的光栅化就是在像素点阵中确定最佳逼近理想图形的像素点集，并用指定颜色显示这些像素点集的过程。当光栅化与按扫描线顺序绘制图形的过程结合在一起时，称为扫描转换。本章使用 CDC 类的绘制像素点函数 SetPixelV()对基本图形进行扫描转换。

3.1 知识点

(1) 光栅化：将连续图形离散化为像素点阵的过程。

(2) 扫描转换：当按扫描线顺序对图形进行光栅化，称为扫描转换。

(3) 增量算法：在一个迭代算法中，如果每一步的 x、y 值是用前一步的值加上一个增量获得的，那么这种算法就称为增量算法。

(4) DDA 算法：用数值方法求解微分方程的一种算法。

(5) Bresenham 算法：1965 年，Bresenham 为数字绘图仪开发了一种绘制直线的算法。该算法同样适用于光栅扫描显示器，被称为 Bresenham 算法。

(6) 中点算法：基于隐函数方程设计的光栅化算法，使用像素网格中点判断如何选取距离理想直线最近的像素点，适用于直线、圆与椭圆的光栅化。

(7) 走样：扫描转换算法在处理非水平、非垂直且非 45°的直线时会出现锯齿或台阶边界。这种由离散量表示连续量而引起的失真称为走样。

(8) 反走样：用于减轻走样现象的技术称为反走样，游戏中也称为抗锯齿。

(9) Nyquist 定理：采样频率必须大于被采样信号最高频率的两倍。

(10) Wu 反走样算法：使用两个相邻像素共同表示理想直线上的一个点，依据每个像素到理想直线的距离调节其亮度，使绘制的直线达到视觉上消除锯齿的效果。实际使用中，两个像素宽度的直线反走样效果较好，视觉效果上直线的宽度会有所减小，看起来好像一个像素宽度的直线。

3.2 教学时数

本章理论教学时数为 4 学时。详细讲解内容为：直线的扫描转换算法、Wu 反走样算法等。粗略讲解内容为：圆的扫描转换算法、椭圆的扫描转换算法等。

基本图形主要是指直线、圆和椭圆。其中，直线应用最广泛，直线主要用于绘制物体的线框模型。近年来，随着计算机图形学技术的进步，物体的表示模型已经从线框模型转向表面模型或实体模型。线框模型的作用是勾勒物体的轮廓线。表面模型用于绘制真实感图形。图 3-1(a)所示为奖杯的线框模型。图 3-1(b)所示为奖杯的表面模型。复杂物体的线框模型由成千上万条直线组成。提高直线的绘制速度从某种意义上说就是提高物体线框模型的绘制速度。

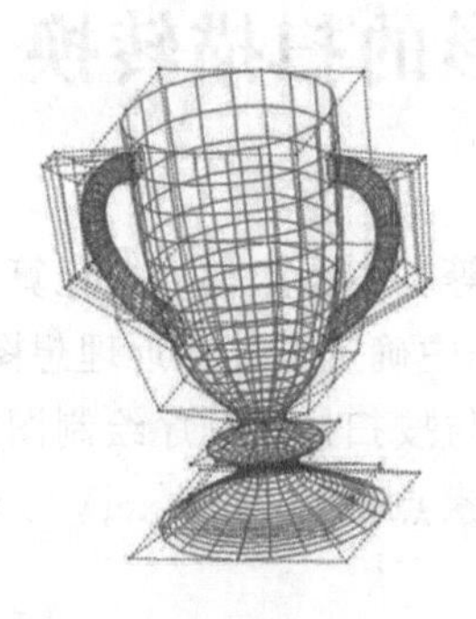

(a) 奖杯的线框模型

(b) 奖杯的表面模型

图 3-1 奖杯效果图

3.3 教学目标

1. 熟悉扫描转换的基本概念

基本图形的光栅化就是在像素点阵中确定最佳逼近理想图形的像素点集,并用指定颜色显示这些像素点集的过程。当光栅化与按扫描线顺序绘制图形的过程结合在一起时,称为扫描转换。

2. 掌握绘制像素点函数的用法

绘制像素点函数 SetPixelV()是将设备坐标系的一个坐标为(x,y)(或用结构体 point 表示的)像素点的颜色设置为用 RGB 宏表示的 crColor。也就是说,使用 crColor 颜色点亮该像素点。注意设备坐标(x,y)或结构体变量 point 的数据成员的坐标只能取整数值,而理想图形的逻辑坐标一般为浮点型计算值。将逻辑坐标绘制到屏幕上成为显示坐标之前,需要对逻辑坐标进行四舍五入的圆整处理。

3. 实现直线的扫描转换算法

直线的扫描转换是在屏幕像素点阵中确定最佳逼近理想直线的像素点集的过程。有许多算法可以对直线进行扫描转换,如 DDA 算法、Bresenham 算法、中点算法等。本章重点介绍 Bresenham 算法和中点算法。对于直线,中点算法与 Bresenham 算法产生同样的像素点集,而且中点算法还可以推广到圆和椭圆,如圆的中点算法和椭圆的中点算法。

4. 了解圆的扫描转换算法

圆的扫描转换可以使用简单方程画圆算法或极坐标画圆算法,但这些算法涉及开方运算或三角运算,效率很低。圆的中点算法仅包含加减运算。处理第一象限内的第二个八分圆弧时,主位移方向保持不变,可以顺时针方向对圆弧进行离散化。根据圆的对称性,可以使用八分法绘制完整的圆。

5. 了解椭圆的扫描转换算法

椭圆是长半轴和短半轴不相等的圆。椭圆的扫描转换与圆的扫描转换有类似之处。顺时针绘制四分椭圆弧的中点算法,在处理第一象限的四分椭圆弧时,进一步以法矢量的

x 方向分量和 y 方向分量相等的点作为临界点，将四分圆弧与 x 轴、y 轴形成的区域划分为两个区域：区域 1 和区域 2。在临界点处，主位移方向发生改变，区域 1 的主位移方向为 x 方向，而区域 2 内的主位移方向为 y 方向。设计算法时，区域 1 结束时，要重新计算进入区域 2 的初始值。根据椭圆的对称性，可以使用四分法绘制完整的椭圆。

6. 实现 Wu 反走样算法

Wu 算法是一种光滑边界算法，使用两个相邻像素共同表示理想直线上的一个点。两个相邻像素依据其与理想直线的距离调节亮度，使绘制的直线达到视觉上消除锯齿的效果。

3.4 重点难点

教学重点：Bresenham 算法、中点画线算法、Wu 反走样算法等。教学难点：彩色直线段的扫描转换算法、有向直线绘制算法等。

3.4.1 教学重点

1. Bresenham 算法

Bresenham 算法可以在不使用乘、除法指令的情况下编程实现，能有效提高计算速度和内存利用率。Bresenham 算法的原理是：在主位移方向上每次走一步，在另一个方向上走步或不走步取决于像素点与理想直线的距离。Bresenham 算法中，最著名的是通用整数算法，请教师认真掌握。

2. 直线的中点算法

中点算法是基于隐函数方程设计的，使用像素网格中点判断如何选取距离理想直线最近的像素点。需要计算的主要步骤是：①根据直线的斜率确定主位移方向；②确定中点误差项的递推公式；③计算中点误差项的初始值。

中点算法也有整数算法。20 世纪 70 年代，由于计算机运算速度有限，完全的整数化算法是计算机图形学算法研究者追求的一个目标。现有的研究已经证明：端点采用整数坐标没有什么益处，因为现在的 CPU 可以按照与处理整数同样的速度处理浮点数。主教材中的中点算法全部采用浮点运算。

3. Wu 反走样算法

沿主位移 x 方向前进一个像素单位时，在 y 方向与理想直线距离最近的有两个像素，这两个像素都要点亮，但是这两个相邻像素对应的亮度值是不同的，距离理想直线与像素网格交点远的像素点的亮度值大，距离理想直线与像素网格交点近的像素点的亮度值小，如图 3-2 和图 3-3 所示。Wu 算法是用两个相邻像素共同表示理想直线上的一个点，依据两个像素与理想直线的距离调节其亮度，使绘制的直线达到视觉上消除锯齿的效果，如图 3-4 所示。

3.4.2 教学难点

1. 彩色直线段的扫描转换算法

直线的光滑着色是光照模型的基础。直线光滑着色技术可用于绘制物体的光照线框模

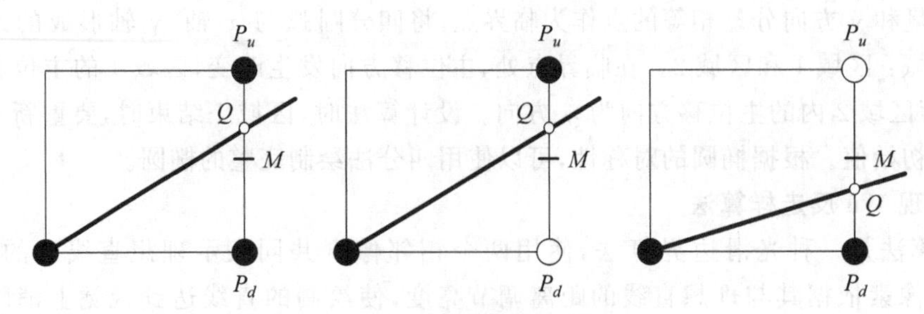

图 3-2　依据距离调节亮度

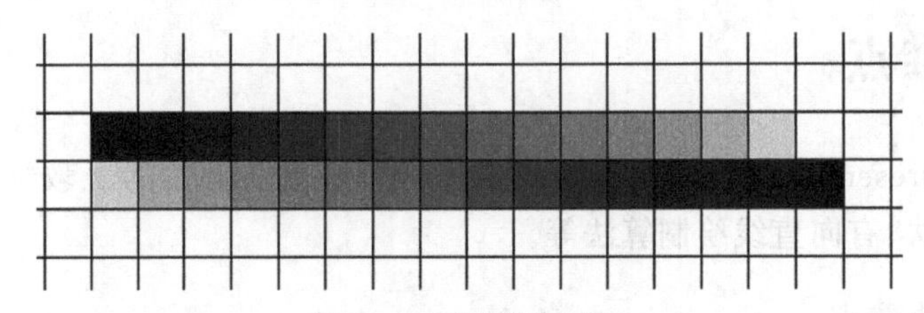

图 3-3　反走样效果图 1

型，如图 3-5 所示。给定直线段两个顶点的坐标和颜色值，使用线性插值方法可以实现直线段颜色从起点到终点的光滑过渡。假定起点 P_0 的坐标为 (x_0, y_0)，颜色为 c_0，终点 P_1 的坐标为 (x_1, y_1)，颜色为 c_1，直线的参数方程为

$$P=(1-t)P_0+tP_1 \quad t\in[0,1] \tag{3-1}$$

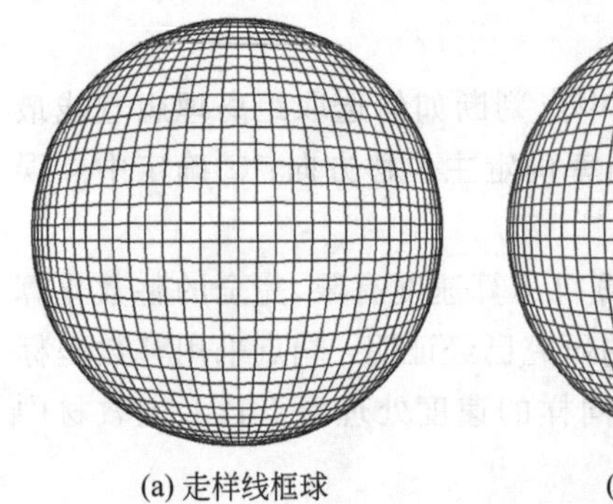

(a) 走样线框球　　(b) 反走样线框球

图 3-4　反走样效果图 2

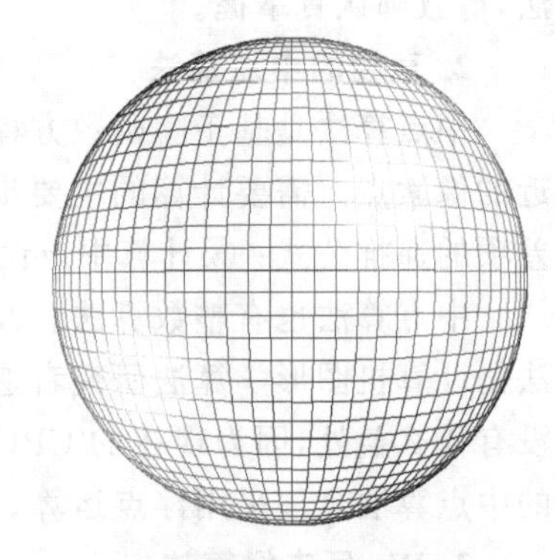

图 3-5　光照线框球

展开式为

$$\begin{cases} x=(1-t)x_0+tx_1 \\ y=(1-t)y_0+ty_1 \\ c=(1-t)c_0+tc_1 \end{cases} \tag{3-2}$$

式中，x、y、c 分别为直线段上任意一点 P 的坐标和颜色。

如果直线段的斜率 $|k|\leqslant 1$，则 x 方向为主位移方向，直线上任意一点 P 的颜色按照线性插值公式有

$$c=\frac{x-x_1}{x_0-x_1}c_0+\frac{x-x_0}{x_1-x_0}c_1 \tag{3-3}$$

如果直线段的斜率$|k|>1$，y方向为主位移方向，直线上任意一点P的颜色按照线性插值公式有

$$c=\frac{y-y_1}{y_0-y_1}c_0+\frac{y-y_0}{y_1-y_0}c_1 \tag{3-4}$$

若令$t=\frac{x-x_0}{x_1-x_0}$，则$1-t=\frac{x-x_1}{x_0-x_1}$；若令$t=\frac{y-y_0}{y_1-y_0}$，则$1-t=\frac{y-y_1}{y_0-y_1}$。

可以统一表示为

$$c=(1-t)c_0+tc_1,\quad t\in[0,1] \tag{3-5}$$

起点为红色，终点为蓝色的彩色直线段可以使用 Bresenham 算法或中点算法绘制，效果如图 3-6 所示。

图 3-6　起点为红色，终点为蓝色的彩色直线段

沿x或y方向的线性插值算法代码可以统一为

```
CRGB CLine::LinearInterp(double t, double t1, double t2, CRGB c1, CRGB c2)//线性插值
{
    CRGB c;
    c =(t -t2) / (t1 -t2) * c1 +(t -t1) / (t2 -t1) * c2;
    return c;
}
```

2. 有向直线绘制算法

实际应用中，直线扫描转换算法并不仅用于绘制一段直线，常用于绘制折线构成的多边形。假定多边形各条边的颜色为单色且不相同(如使用红、绿、蓝 3 段直线连接构成三角形，如图 3-7(a)所示)，此时需要考虑直线段连接点的正确着色问题。

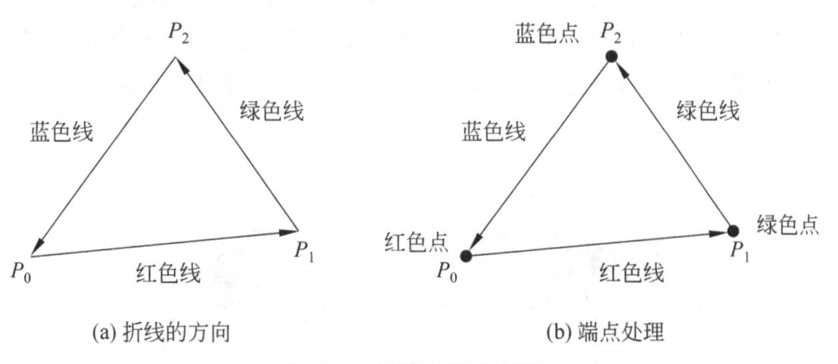

(a) 折线的方向　　(b) 端点处理

图 3-7　折线绘制三角形

对每段折线的两个端点，一般采用“起点闭区间、终点开区间”的处理方法，即一段折线终点处的颜色由下一段折线起点处的颜色填充。图 3-7(b)中，绘制红色的P_0P_1直线时，

P_0点的颜色为红色，P_1点不绘制；绘制绿色的 P_1P_2 直线时，P_1点的颜色为绿色，P_2点不绘制；绘制蓝色的 P_2P_0 直线时，P_2点的颜色为蓝色，P_0点不绘制，但 P_0点保持了红色。为此，绘制多边形的边时应考虑直线的方向问题，也就是作为有向直线处理，即从起点绘制到终点（如$\overrightarrow{P_0P_1}$）的算法应该与从终点绘制到起点（如$\overrightarrow{P_1P_0}$）的算法不同，而不是靠简单地交换两端点参数（如坐标和颜色等）后，使用同一个直线扫描转换算法绘制（一般为从低端绘制到高端，即$\overrightarrow{P_0P_1}$）。有向线段的绘制方法，可以正确处理多边形顶点处的颜色并完整地闭合多边形。使用本算法绘制的三角形边界放大效果如图 3-8 所示。

需要说明的是，绘制单一多边形时，边界为有向直线，按逆时针方向定义。如果连续绘制两个具有共同边界的多边形，就需要正确处理直线扫描转换算法了。对于图 3-9 所示的$\triangle P_0P_1P_3$，公共边的方向为$\overrightarrow{P_1P_3}$。对于$\triangle P_1P_2P_3$，公共边的方向为$\overrightarrow{P_3P_1}$。所以，有向直线算法应该使得$\overrightarrow{P_1P_3}$和$\overrightarrow{P_3P_1}$直线段重合。

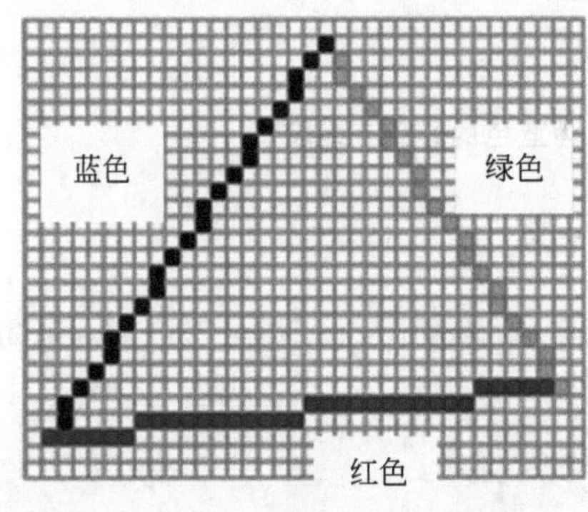

图 3-8　三角形边界放大效果

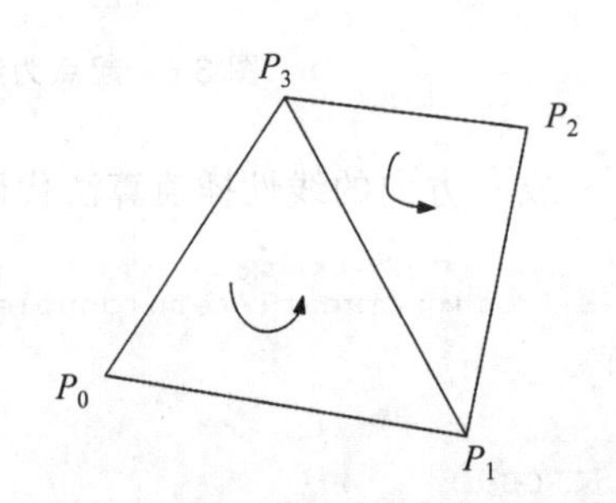

图 3-9　具有共同边界的两个三角形

3.5　教学案例建议

本章重点讲解直线的扫描转换，尤其是 Bresenham 算法。通用 Bresenham 算法是完全整数化的算法，被广泛使用。检验直线算法设计是否成功的一个标准是绘制直线校核图，如图 3-10 所示。直线校核图由从圆心发出的 360 条直线构成，用于检验在各个象限内直线算法是否正确。例如，一段直线 AB，从 A 点出发绘制 $A\rightarrow B$，从 B 点出发绘制 $B\rightarrow A$，观察绘制直线是否与端点次序有关。

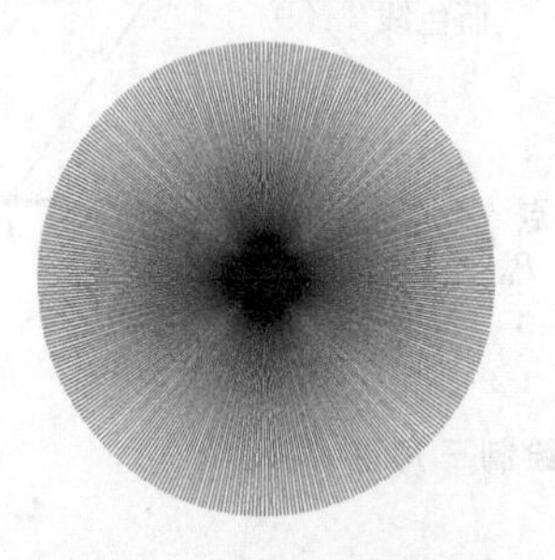
(a) CDC类成员函数绘制

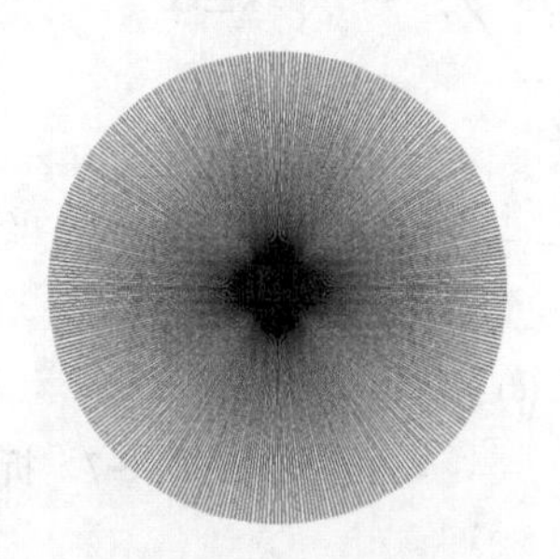
(b) 通用Bresenham算法

图 3-10　直线校核图

3.6 教学程序

在《计算机图形学基础教程(Visual C++ 版)》(第 3 版)中给出的算法里,教师可以自定义走样直线类 CLine 绘制任意斜率的直线、自定义反走样直线类 CALine 绘制任意斜率的反走样直线。这里提供一个鼠标交互式绘图程序,直线是使用 CDC 类的 MoveTo()和 LineTo()函数绘制的。只要添加 CLine 类或 CALine 类,就可以在本程序的基础上使用自定义类绘制任意斜率的直线。

3.6.1 程序描述

在窗口客户区内按下鼠标左键选择直线的起点,移动到客户区的另一处弹起鼠标左键选择直线的终点,调用 CDC 类的成员函数 MoveTo()和 LineTo ()绘制从起点到终点的 1 个像素宽度的黑色直线,效果如图 3-11 所示。

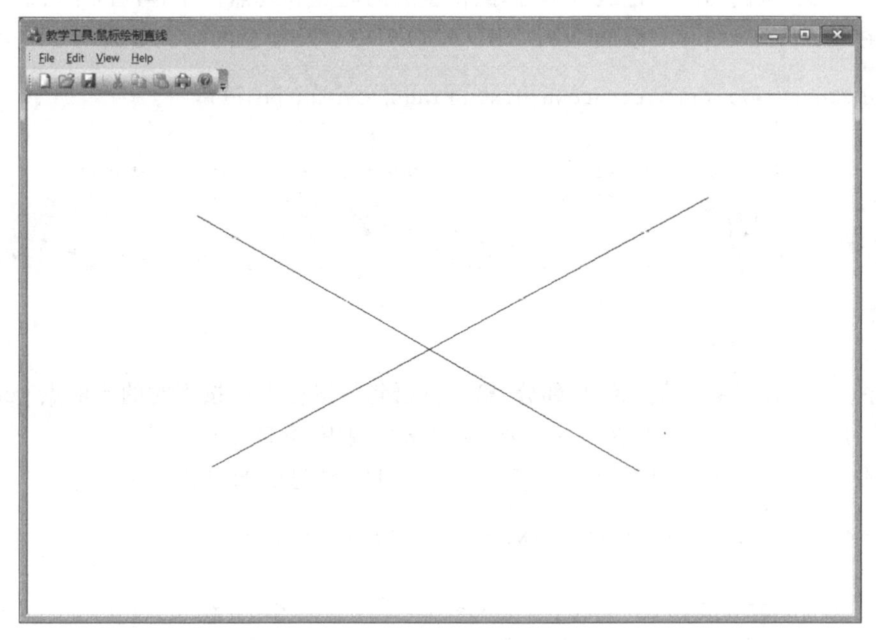

图 3-11 鼠标交互绘制直线

3.6.2 程序设计

本程序使用鼠标交互绘制直线,工程名字取为 Test。添加 WM_LBUTTONDOWN 消息响应函数,得到直线的起点。添加 WM_LBUTTONUP 消息响应函数,得到直线的终点,调用 CDC 类的 MoveTo()函数和 LineTo ()函数绘制直线。

3.6.3 程序实现

在 CTestView 类内声明 CPoint 类型的直线起点 P_0 与终点 P_1。

1）在 TestView.h 中添加数据成员的声明

```
protected:
#1        CPoint P0,P1;
```

程序说明：在代码的灰色编号部分声明直线的起点 P_0 与终点 P_1，这是整型类型的端点。

2）在 TestView.cpp 的构造函数中设置端点的初始值

```
CTestView::CTestView()
{
    // TODO: Add construction code here
#1        P0=P1=CPoint(0,0);
}
```

程序说明：在代码的灰色编号部分，默认直线的起点和终点位于客户区中心。

3）在 TestView.cpp 中添加 WM_LBUTTONDOWN 消息的响应函数

```
void CTestView::OnLButtonDown(UINT nFlags, CPoint point)
{
    // TODO: Add your message handler code here and/or call default
#1      P0=point;
#2      Invalidate(FALSE);
        CView::OnLButtonDown(nFlags, point);
}
```

程序说明：在代码的灰色编号部分，第 1 行语句将鼠标左键按下时的当前点 point 赋给直线起点 P_0。第 2 行语句使客户区无效，强迫系统调用 OnDraw()函数。

4）在 TestView.cpp 中添加 WM_LBUTTONUP 消息的响应函数

```
void CTestView::OnLButtonUp(UINT nFlags, CPoint point)
{
    // TODO: Add your message handler code here and/or call default
#1      P1=point;
#2      Invalidate(FALSE);
    CView::OnLButtonDown(nFlags, point);
}
```

程序说明：在代码的灰色编号部分，第 1 行语句将 point 赋给直线终点 P_1。第 2 行语句使客户区无效，强迫系统调用 OnDraw()函数。

5）在 TestView.cpp 中修改 OnDraw()函数

```
void CTestView::OnDraw(CDC * pDC)
{
    CTestDoc * pDoc =GetDocument();
```

```
        ASSERT_VALID(pDoc);
        if (!pDoc)
            return;
        // TODO: Add draw code for native data here
#1      pDC->MoveTo(P0);
#2      pDC->LineTo(P1);
    }
```

程序说明：在代码的灰色编号部分，第1行语句将当前点移动到直线的起点。第2行语句从起点到终点绘制默认的1个像素宽度的黑色直线。读者可以在此处使用画笔改变直线的颜色、宽度和线型。

3.6.4 程序总结

使用鼠标绘制直线，需要映射WM_LBUTTONDOWN和WM_LBUTTONUP消息，在前者的消隐映射函数中确定直线的起点坐标，在后者的映射函数中确定直线的终点坐标。直线的绘制是在OnDraw()函数中完成的。改变直线段的起点和终点坐标后，使用CWnd类的Invalidate()函数刷新客户区。事实上，使用Invalidate()函数强制客户区的刷新，也就是强制系统执行OnDraw()函数。Invalidate()函数的默认参数为TRUE，表示擦除屏幕，且只能绘制一段直线。如果参数改为FALSE，表示不擦除屏幕，可以同时绘制多段直线。

3.7 课外作业

请课后完成第2、4、5、9题。第9题有一定难度，可以作为综合性实验项目。习题解答参见《计算机图形学基础教程(Visual C++版)》(第3版)。在完成习题的情况下，可以继续学习《计算机图形学基础教程(Visual C++版)》(第3版)的习题拓展部分，并完成第1、2题。教师可以鼓励喜欢编程的同学挑战拓展部分的第3题，开发一个像素级绘图系统，效果如图3-12所示。

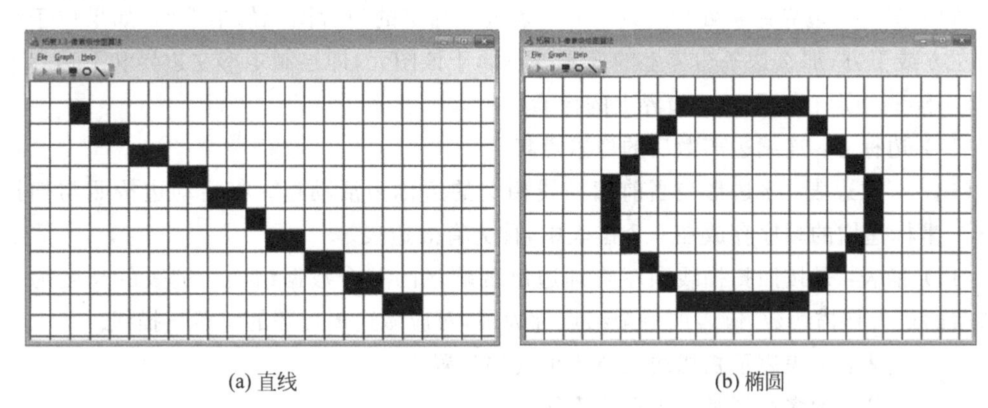

(a) 直线　　(b) 椭圆

图 3-12　像素级绘图系统

第4章　多边形填充

本章主要讲解多边形与区域的扫描转换算法。对于由多段直线闭合构成的多边形,可以使用边标志算法、有序边表算法和边填充算法进行填充;对于由曲线构成的区域,可以使用基于边界定义或者内点定义的四连通种子填充算法、八连通种子填充算法和扫描线种子填充算法进行填充。

4.1　知识点

(1) 区域:用轮廓线封闭的一组相邻而相连的像素。

(2) 实区域:内部用一组连通的像素填充后的区域。

(3) 凸多边形:多边形任意两顶点间的连线都在多边形内。

(4) 凹多边形:多边形任意两顶点间的连线有不在多边形内部的部分。

(5) 多边形的平面着色模式:是指使用多边形任意一个顶点的颜色填充多边形内部,多边形内部具有单一颜色。

(6) 多边形的光滑着色模式:假定多边形顶点的颜色不同,多边形内部任一点的颜色由顶点的颜色进行双线性插值得到。

(7) 马赫带:一组亮度递增/递减变化的平面着色矩形块。特点:由于矩形块的亮度发生轻微跳变,边界处的亮度对比度增强,使得矩形轮廓表现得非常明显。

(8) 多边形的顶点表示法:用多边形的顶点序列描述多边形。

(9) 多边形的点阵表示法:用位于多边形覆盖的像素点集描述多边形。

(10) 多边形的扫描转换:将多边形的描述从顶点表示法变换到点阵表示法的过程,称为多边形的扫描转换。

(11) 多边形边界像素处理规则:由一条边界确定的包含图元的半平面,如果位于该边界的左方或下方,那么这条边界上的像素就不属于该图元,即绘制矩形左边界和下边界上的像素,不绘制矩形右边界和上边界上的像素。

(12) 边标志:连续边离散后的像素点集。

(13) 有效边表:多边形与当前扫描线相交的边称为活动边。将活动边按照与扫描线交点 x 坐标递增的顺序存放在一个链表中,称为有效边表。

(14) 桶表:是按照扫描线顺序管理边出现顺序的一个数据结构。链表的长度为多边形覆盖的最大扫描线数,链表的每个结点称为桶,对应多边形覆盖的每条扫描线。

(15) 边表:边表表示扫描线上新边出现的位置。

(16) 栅栏:为多边形某一顶点的垂线。

(17) 包围盒:包含该多边形的最小矩形,即以多边形在 x、y 方向的最大值和最小值作为顶点绘制的矩形。

(18) 四邻接点：对于区域内部任意一个像素，其左、上、右、下 4 个相邻像素称为四邻接点。

(19) 八邻接点：对于区域内部任意一个像素，其左、左上、上、右上、右、右下、下和左下 8 个相邻像素称为八邻接点。

(20) 四连通区域：如果从区域内部任意一个种子像素出发，通过访问其水平方向、垂直方向的 4 个邻接点就可以遍历整个区域，则称为四连通区域。

(21) 八连通区域：如果从区域内部任意一个种子像素出发，不仅要访问其水平方向、垂直方向的 4 个邻接点，而且也要访问其对角线方向的 4 个邻接点才能遍历整个区域，则称为八连通区域。

4.2 教学时数

本章理论教学时数为 6 学时，实验时数为 2 学时。详细讲解内容为：有序边表算法、边填充算法、四连通种子填充算法、扫描线种子填充算法等。粗略讲解内容为：边标志算法、栅栏填充算法、八连通种子填充算法等。

实验题目：光滑着色填充三角形。要求给定三角形 3 个顶点的颜色分别为红色、绿色、蓝色，使用 Gouraud 光滑着色算法填充颜色渐变三角形。三角形可以给定固定顶点绘制，也可以使用鼠标在窗口客户区内任选 3 个顶点绘制。

三角形是一种基本图元。复杂物体的表面是由三角形网格和平面四边形网格组成的，而四边形网格又可细分为两个三角形网格。也就是说，凸三角形可以描述任何复杂的物体。计算机中物体的描述方法由线框模型开始向表面模型转换，也就是需要对多边形内部进行填充。通常，绘制物体的线框模型时，既可使用三角形网格，也可使用四边形网格。如球体网格模型中，南北极用三角形网格描述，球体其余部分用四边形网格描述。绘制物体的表面模型时，通常全部划分为三角形网格，然后再进行填充。图 4-1 所示为球面的网格划分。图 4-2 所示为立方体的网格划分，当对立方体表面进行着色时，先将四边形划分为两个三角形，再进行着色。这说明，掌握了三角形填充算法，也就掌握了物体表面模型的绘制技术。

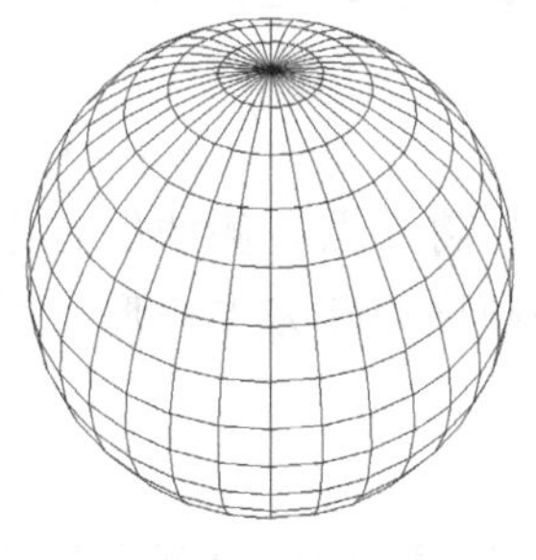

(a) 三角形与四边形网格

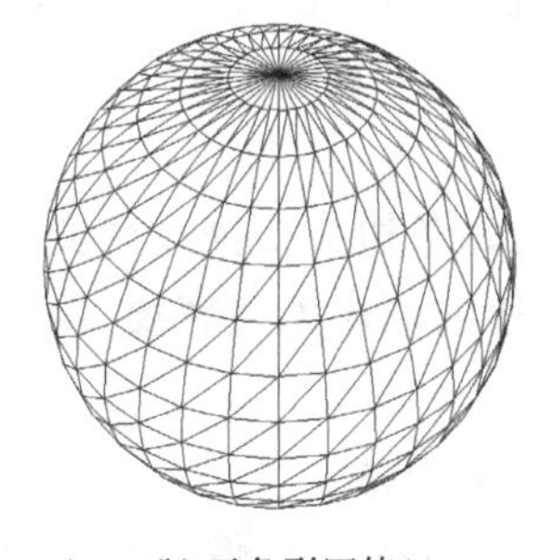

(b) 三角形网格1

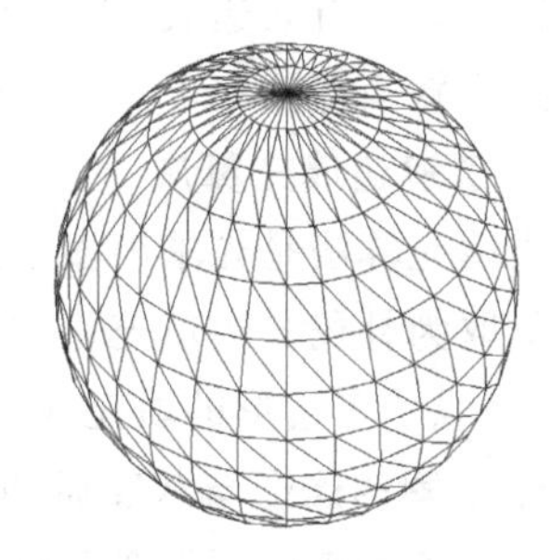

(c) 三角形网格2

图 4-1 球面的网格划分

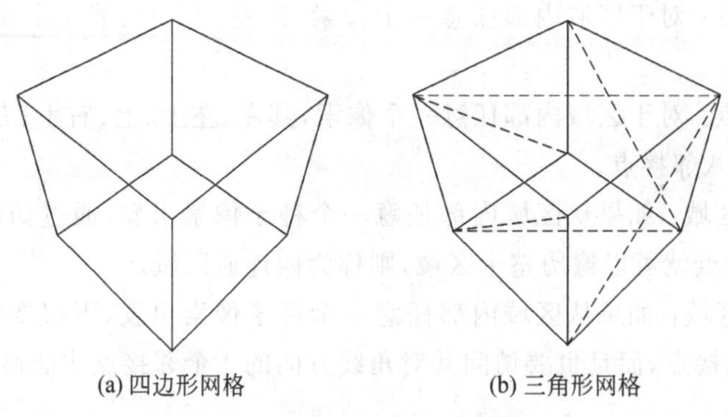

图 4-2 立方体的网格划分

4.3 教学目标

1. 了解多边形扫描转换的基本概念

将多边形的表示法从顶点表示变换到点阵表示的过程，称为多边形的扫描转换，即从多边形的顶点几何信息出发，确定位于多边形轮廓线内部的各个像素点的信息，并按照扫描线顺序将颜色信息写入帧缓冲的相应单元中。

2. 实现边标志算法

边标志算法首先按照 y 连续性对多边形边界进行扫描转换，将边的离散像素打上标志，然后再按扫描线的递增顺序，填充标志之间的多边形跨度内的全部像素。

3. 实现有序边表算法

处理每条扫描线时，如果与多边形的所有边求交，这会使得处理效率非常低。这是因为一条扫描线往往只与多边形的少数几条边相交，甚至可能与整个多边形都不相交。将与当前扫描线相交的边命名为有效边。在处理一条扫描线时仅对有效边进行求交运算，可以避免与多边形的所有边求交，这种算法称为有序边表算法。有序边表算法的效率依赖于边的排序算法的效率。按照扫描线从小到大的移动顺序计算当前扫描线与多边形有效边的交点，然后把这些交点按 x 值递增的顺序进行排序、配对，以确定填充区间。有序边表算法通过维护边表与有效边表，避开了扫描线与多边形所有边求交的复杂运算，已成为最常用的多边形扫描转换算法之一。

4. 了解边填充算法

边填充算法是先求出多边形的每条边与扫描线的交点，然后将交点右侧的所有像素颜色全部取为补色。边填充算法中，边的顺序无关紧要。按某个顺序处理完多边形的所有边后，就完成了多边形的填充任务。

5. 了解四连通与八连通种子填充算法

区域填充算法假设在区域内部至少有一个像素是已知的，称为种子像素，然后将种子像素的颜色扩展到整个区域。基于区域内点表示的填充算法称为泛填充算法；基于区域边界表示的填充算法称为边界填充算法。泛填充算法与边界填充算法都是从区域内的一个种子像素开始，所以统称为种子填充算法。区域无论是采用内点表示，还是采用边界表示，均可划分为四连通域与八连通域，相应的算法称为四连通算法与八连通算法。从区域内一个种子像素点开始，使用四邻接点方式搜索下一像素的填充算法称为四连通算法；同理，使用八邻接点方式搜索下一像素的填充算法称为八连通算法。八连通算法的设计与四连通算法的设计基本相似，只是搜索方式由四邻接点修改为八邻接点而已。

6. 了解扫描线种子填充算法

四连通与八连通种子填充算法会把大量像素压入堆栈，有些像素甚至入栈多次，这不但降低了算法的效率，而且占用了大量的存储空间。更有效的算法是 A. R. Smith 于 1979 年提出的沿扫描线填充水平连续像素跨度，代替四连通算法或八连通算法，被称为扫描线种子填充算法。该算法仅将每个水平像素跨度的最右端像素入栈，不需要将当前点周围未处理的所有邻接点全部入栈。扫描线种子填充算法属于四连通算法，只能填充四连域，不能填充八连通域。

4.4 重点难点

教学重点：着色模式、马赫带、Gouraud 光滑着色模式、有效边表、边表与桶表、边标志算法、有序边表算法、边填充算法、栅栏填充算法、扫描线种子填充算法等。教学难点：多边形边界像素处理规则、边表与有效边表的区别、扫描线种子填充算法的右端像素入栈问题等。

4.4.1 教学重点

1. 着色模式

多边形的着色模式分为平面着色模式与光滑着色模式。平面着色是指使用多边形第一个顶点的颜色填充多边形内部，填充后多边形内部具有单一颜色。光滑着色是指多边形内部像素点的颜色是由多边形各个顶点的颜色进行线性插值得到。下面以三角形为例进一步说明。假定三角形 3 个顶点的颜色分别为红色、绿色和蓝色。图 4-3(a)所示为三角形的平面着色，三角形填充为三角形第一个顶点的颜色红色。图 4-3(b)所示为三角形的光滑着色，三角形内任一点的颜色为 3 个顶点颜色的光滑过渡。光滑着色是计算机图形学中最常用的填充模式，常用于绘制光照物体。

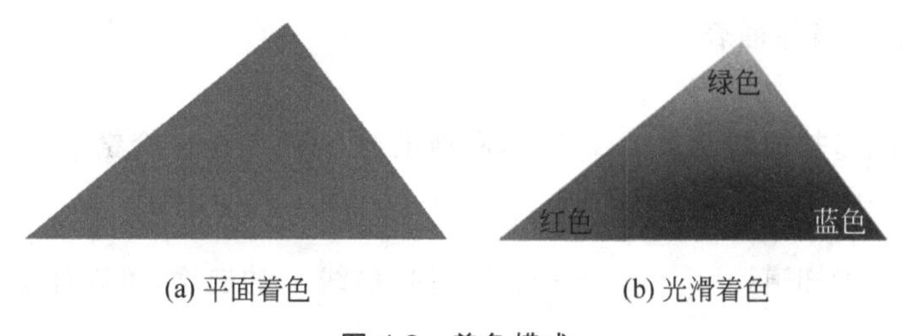

(a) 平面着色　　(b) 光滑着色

图 4-3　着色模式

2. 马赫带

马赫带效应是人类的视觉系统造成的，在亮度有变化的边界上出现虚幻的明亮或黑暗的条纹。当观察图 4-4 所示的 5 个不同灰度等级(每个小矩形内灰色值为常数)构成的矩形时，小矩形边界处的亮度对比加强，使得小矩形轮廓表现得特别明显。马赫带效应夸大了平面着色的渲染效果，使得人眼感知到的亮度变化比实际的亮度变化要大。一个具有复杂表面的物体是由一系列多边形网格表示的。根据马赫带效应，相邻多边形之间的亮度差异即使非常小，这个物体看上去也像是一片一片拼接起来的，显得非常不自然。使用光照模型渲染场景中的物体时，要尽量避免出现马赫带效应。

3. Gouraud 光滑着色模式

Gouraud 光滑着色模式是指三角形内部填充色是三角形顶点颜色进行双线性插值的结果。图 4-5 中，$\triangle ABC$ 的 3 个顶点坐标分别为 $A(x_A, y_A)$，$B(x_B, y_B)$，$C(x_C, y_C)$。A 点的颜色为 c_A，B 点的颜色为 c_B，C 点的颜色为 c_C。在自定义坐标系中，y 轴向上为正，扫描线从 y_{min} 向 y_{max} 移动。

图 4-4 马赫带

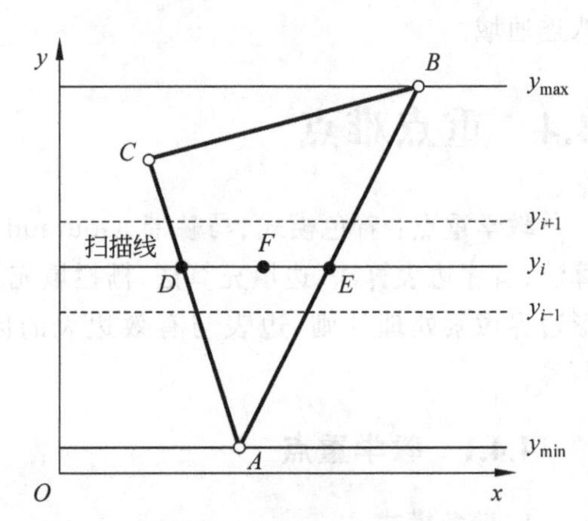

图 4-5 光滑着色模式

y_i 扫描线上 D 点的颜色可以通过 A 点颜色与 C 点颜色的线性插值得到

$$c_D = (1-t) \cdot c_A + t \cdot c_C, \quad t \in [0,1] \tag{4-1}$$

同样，在扫描线 y_i 上，E 点的颜色可以通过 A 点颜色与 B 点颜色的线性插值得到

$$c_E = (1-t) \cdot c_A + t \cdot c_B, \quad t \in [0,1] \tag{4-2}$$

则扫描线 y_i 上，任一点 F 的颜色通过 D 点颜色与 E 点颜色插值得到

$$c_F = (1-t) \cdot c_D + t \cdot c_E, \quad t \in [0,1] \tag{4-3}$$

4. 有效边表、边表与桶表

1) 有效边表

将有效边按照与扫描线交点的 x 坐标递增的顺序存放在一个链表中，称为有效边表。有效边表的结点如图 4-6 所示。

由有效边表可以知道，$x_{i+1} = x_i + \frac{1}{k}$。随着扫描线 y 的递增，可以计算扫描线与边交点的横坐标。其中，增量 $\frac{1}{k}$ 为斜率的倒数。

2) 边表

为了确定新边从哪条扫描线上开始插入，需要构造一个边表，用来存放多边形各条边出现在扫描线上的信息，如图 4-7 所示。

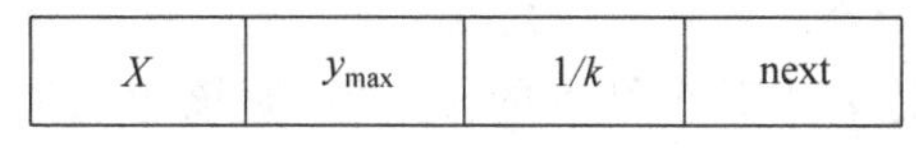

X	y_{max}	$1/k$	next

图 4-6　活动边表的结点

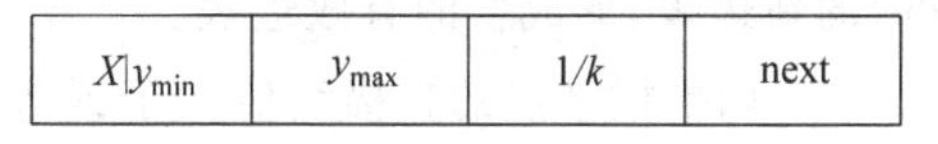

$X \mid y_{min}$	y_{max}	$1/k$	next

图 4-7　边表

3）桶表

桶表是按照扫描线顺序管理边出现顺序的一个数据结构。构造一个纵向扫描线链表，链表的长度为多边形覆盖的最大扫描线数。链表的每个结点称为桶，对应多边形覆盖的每条扫描线。

5. 边标志算法

边标志算法分两步实现：第 1 步，勾勒轮廓。对多边形的每条边进行扫描转换，即给多边形边界经过的像素打上标志，在每条扫描线上建立各跨度的边界像素点对。第 2 步，填充。沿着扫描线顺序，对每条与多边形相交的扫描线，按照从左到右的顺序逐个访问该扫描线上的像素。使用一个逻辑变量 bInside 指示当前点是否在多边形跨度内。bInside 的初值为假，每当当前访问的像素是被打上边标志的点时，就将 bInside 取反。对未标志的像素，bInside 不变。若访问当前像素时，bInside 为真，则把该像素置为填充色。

三角形填充的边标志算法分两步实现：第 1 步，将三角形划分为左三角形与右三角形；第 2 步，使用 DDA 算法、Bresenham 算法或中点算法将直线离散化。对于每条扫描线，存放三角形边的离散像素点到标志数组 pLeft[n]和 pRight[n]中。第 3 步，基于颜色的双线性插值公式，计算三角形内各点的颜色值。

6. 有序边表算法

有序边表算法是基于有效边表、边表和桶表建立的，数据结构采用动态链表建立。有序边表算法可以填充凸、凹多边形。

(1) 读取填充色。

(2) 根据多边形顶点坐标，计算扫描线的最大值 ScanMax 和最小值 ScanMin。

(3) 用多边形覆盖的扫描线动态建立桶结点。

(4) 循环访问多边形的所有顶点，根据边的终点 y 值比起点 y 值高或边的终点 y 值比起点 y 值低两种情况(边的终点 y 值和起点 y 值相等的情况属于扫描线，不予考虑)，计算每条边的 y_{min}。在桶中寻找与该 y_{min} 对应的桶结点，计算该边表的 $x \mid y_{min}$、y_{max}、m(代表 $1/k$)，并依次链接该边表结点到桶结点。

(5) 对每个桶结点链接的边表，根据 $x \mid y_{min}$ 值的大小排序，若 $x \mid y_{min}$ 相等，则按照 m(代表 $1/k$)由小到大排序。

(6) 循环访问每个桶结点，将桶内每个结点的边表合并为有效边表，并循环访问有效边表。

(7) 从有效边表中取出扫描线上相邻两条边的结点(交点)对进行配对。填充时设置一个逻辑变量 bInside(初始值为假)，每访问一个结点，把 bInside 值取反一次，若 bInside 为真，则把从当前结点的 x 值开始到下一结点的 x 值结束的区间用指定颜色填充。

(8) 循环下一桶结点，按照 $x_{i+1}=x_i+m$(m 的值为 $1/k$)修改有效边表，同时合并桶结点内的新边表，形成新的有效边表。

(9) 如果桶结点的扫描线值大于或等于有效边表中某个结点的 y_{max} 值，则该边成为有效边。

(10) 当桶结点不为空，则转(6)，否则删除桶表和边表的头结点，算法结束。

7. 边填充算法

对于每条与多边形边相交的扫描线，将交点之右的全部像素取补。

8. 栅栏填充算法

为了减少边右侧像素的访问次数，可以在多边形内添加一条栅栏(fence)，这便是栅栏填充算法。为了计算方便，栅栏位置通常取多边形顶点之一。栅栏填充算法处理每条边与扫描线的交点时，只将交点与栅栏之间的像素取补。对于每条与多边形相交的扫描线：如果交点在栅栏左，则将位于扫描线与边界交点右和栅栏左的像素取补；如果交点在栅栏右，则将位于扫描线与边界交点左和栅栏右的像素取补。

9. 扫描线种子填充算法

扫描线种子填充算法填充水平连续像素跨度，仅将每个跨度内的一个像素入栈，不需要将当前点周围未处理的所有邻接点都入栈。算法原理为：先将种子像素入栈，种子像素为栈底像素，如果栈不为空，则执行如下 4 步操作。

(1) 种子像素出栈。

(2) 沿扫描线对出栈像素的左、右像素进行填充，直至遇到边界像素为止，即每出栈一个像素，就填充区域内包含该像素的整个连续跨度。

(3) 同时记录该跨度边界，将跨度最左端像素记为 xLeft，最右端像素记为 xRight。

(4) 在跨度[xLeft，xRight]中检查与当前扫描线相邻的上、下两条扫描线的有关像素是否全为边界像素或者是前面已经填充过的像素。若存在非边界且未填充的像素，则将每一跨度的最右端像素作为种子像素入栈。

4.4.2 教学难点

1. 多边形边界像素处理规则

物体是使用多边形网格描述的，多边形网格进一步细分为三角形网格或者四边形网格(可以看作两个相连的三角形网格)。多边形之间彼此连接，具有公共边。如果处理不好边界像素，则可能产生裂缝。离散化多边形时，常用两种规则处理边界。规则 1 是只绘制严格位于多边形内部的像素点。即使一个外部像素可能更靠近多边形的边，也不绘制。规则 1 带来的边界冲突解决方案是：如果一个跨度最左的像素是整数 x 坐标，则认为该像素在内部；如果其最右的像素有一个整数 x 坐标，则认为该像素在外部。规则 2 是对边界像素进行圆整处理，并且采用“左闭右开”和“下闭上开”规则解决边界冲突。本教材仅采用规则 2 处理边界点。

对于四边形，很容易理解“左闭右开”和“下闭上开”的规则；对于三角形，则可能出现理解上的困难。简单的表述方法是对于每条扫描线，不绘制最右端的像素点；对于每幅图形，不绘制最上一条扫描线。

2. 边表与有效边表的区别

有效边表是与当前扫描线相交的边,边表表示的是新边在扫描线上的出现位置。有效边表和边表都包含扫描线与边的交点。有效边表表示的是扫描线在一条边上的连贯性,即从边表开始,使用增量 $1/k$ 计算相邻扫描线与该边交点的横坐标。边表与有效边表的数据结构一致,是有效边表的特例。

3. 扫描线种子填充算法的右端像素入栈问题

将出栈像素设为当前像素。填充出栈像素的左、右侧跨度,用 xRight 记录跨度最右端像素的 x 坐标。用 xLeft 记录跨度最左端像素的 x 坐标。检查当前扫描线上方的扫描线。将当前位置取为上面一条扫描线的最左端位置,寻找其跨度最右端像素,并将上方扫描线的右端像素入栈。按照同样的方法检查出栈像素的下方扫描线,并将其最右端像素入栈。

本教材给出的算法是将每条扫描线的最右端像素入栈,当然也可以修改为将扫描线最左端的像素入栈。

4.5 教学案例建议

三角形的 3 个顶点共面,四边形的 4 个顶点不一定共面。四边形网格通常会细分为两个三角形网格。三维物体的离散化一般使用三角形网格,要求重点掌握三角形填充的边标志算法。给定三角形的 3 个顶点坐标及顶点颜色,使用 Gouraud 双线性插值算法填充颜色渐变三角形,这称为三角形从点元向面元的转换。一般而言,物体的网格模型可以用四边形网格与三角形网格混合表示。但是,当对物体进行面元绘制时,则全部转换为三角形网格。

4.6 教学程序

在窗口客户区中,使用鼠标动态绘制颜色渐变三角形。

4.6.1 程序描述

在窗口客户区内按下鼠标左键选择 3 个顶点。假定第一个顶点的颜色为红色,第二个顶点的颜色为绿色,第三个顶点的颜色为蓝色。使用边标志算法填充三角形,三角形内部颜色基于顶点颜色使用双线性插值计算,效果如图 4-8 所示。

4.6.2 程序设计

本程序用于实现鼠标绘制三角形,工程名字取为 Test。设计 CRGB 定义颜色。设计 CPoint2 类定义整型二维点。设计 CP2 类定义浮点型二维点。整型二维点用于绘制,浮点型二维点用于计算。试基于边标志算法设计 CTriangle 类填充三角形。

4.6.3 程序实现

1) 定义 CRGB 类

为了保证计算精度,定义 CRGB 类用以处理浮点数颜色。

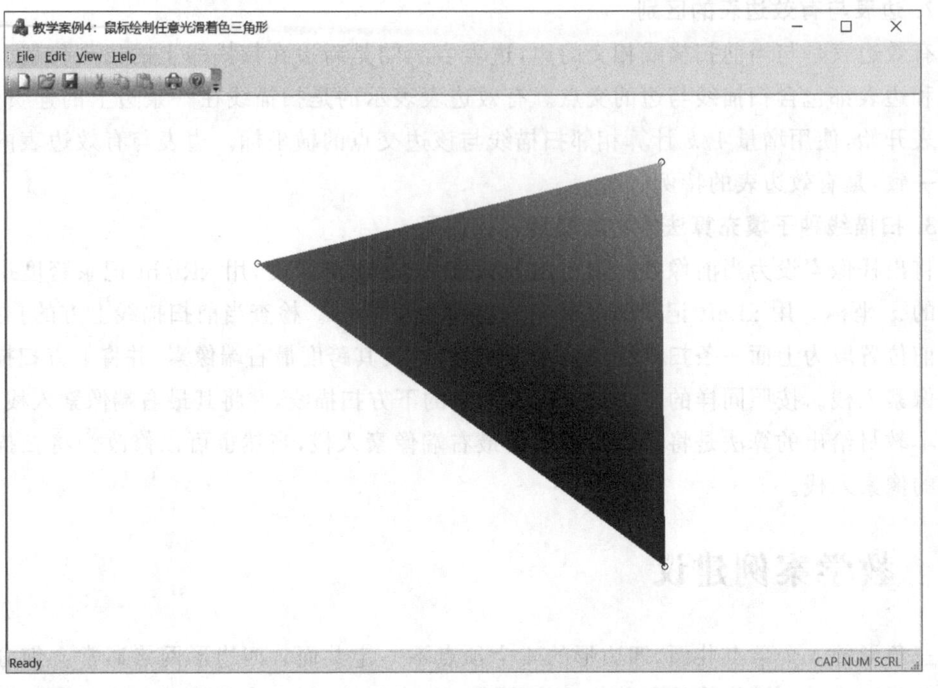

图 4-8　鼠标交互绘制直线

```
#1      class CRGB
#2      {
#3      public:
#4          CRGB(void);
#5          CRGB(double red,double green,double blue);
#6          virtual ～CRGB(void);
#7          friend CRGB operator + (const CRGB &clr0, const CRGB &clr1);  //运算符重载
#8          friend CRGB operator - (const CRGB &clr0, const CRGB &clr1);
#9          friend CRGB operator *  (const CRGB &clr0, const CRGB &clr1);
#10         friend CRGB operator *  (const CRGB &clr, double scalar);
#11         friend CRGB operator *  (double scalar, const CRGB &clr);
#12         friend CRGB operator / (const CRGB &clr, double scalar);
#13         friend CRGB operator += (CRGB &clr0, CRGB &clr1);
#14         friend CRGB operator -= (CRGB &clr0, CRGB &clr1);
#15         friend CRGB operator *= (CRGB &clr0, CRGB &clr1);
#16         friend CRGB operator /= (CRGB &clr, double scalar);
#17         void Normalize();                                    //归一化到[0,1]区间
#18      public:
#19         double red;
#20         double green;
#21         double blue;
```

```
#22     };
#23     CRGB::CRGB(void)
#24     {
#25         red =1.0;
#26         green =1.0;
#27         blue =1.0;
#28     }
#29     CRGB::CRGB(double red, double green, double blue)
#30     {
#31         this->red =red;
#32         this->green =green;
#33         this->blue =blue;
#34     }
#35     CRGB::～CRGB(void)
#36     {
#37     }
#38     CRGB operator +(const CRGB &clr0, const CRGB &clr1)          //"+"运算符重载
#39     {
#40         CRGB color;
#41         color.red =clr0.red +clr1.red;
#42         color.green =clr0.green +clr1.green;
#43         color.blue =clr0.blue +clr1.blue;
#44         return color;
#45     }
#46     CRGB operator -(const CRGB &clr0, const CRGB &clr1)          //"-"运算符重载
#47     {
#48         CRGB color;
#49         color.red =clr0.red -clr1.red;
#50         color.green =clr0.green -clr1.green;
#51         color.blue =clr0.blue -clr1.blue;
#52         return color;
#53     }
#54     CRGB operator *(const CRGB &clr0, const CRGB &clr1)          //"*"运算符重载
#55     {
#56         CRGB color;
#57         color.red =clr0.red * clr1.red;
#58         color.green =clr0.green * clr1.green;
#59         color.blue =clr0.blue * clr1.blue;
#60         return color;
#61     }
#62     CRGB operator *(const CRGB &clr, double scalar)              //"*"运算符重载
#63     {
#64         CRGB color;
#65         color.red =scalar * clr.red;
```

```
#66         color.green =scalar * clr.green;
#67         color.blue =scalar * clr.blue;
#68         return color;
#69     }
#70     CRGB operator * (double scalar, const CRGB &clr)          //" * "运算符重载
#71     {
#72         CRGB color;
#73         color.red =scalar * clr.red;
#74         color.green =scalar * clr.green;
#75         color.blue =scalar * clr.blue;
#76         return color;
#77     }
#78     CRGB operator /(const CRGB &clr, double scalar)           //"/"运算符重载
#79     {
#80         if(fabs(scalar) <1e-4)
#81             scalar =1.0;
#82         CRGB color;
#83         color.red =clr.red / scalar;
#84         color.green =clr.green / scalar;
#85         color.blue =clr.blue / scalar;
#86         return color;
#87     }
#88     CRGB operator += (CRGB &clr0, CRGB &clr1)                 //"+="运算符重载
#89     {
#90         clr0.red +=clr1.red;
#91         clr0.green +=clr1.green;
#92         clr0.blue +=clr1.blue;
#93         return clr0;
#94     }
#95     CRGB operator -= (CRGB &clr0, CRGB &clr1)                 //"-="运算符重载
#96     {
#97         clr0.red -=clr1.red;
#98         clr0.green -=clr1.green;
#99         clr0.blue -=clr1.blue;
#100        return clr0;
#101    }
#102    CRGB operator *= (CRGB &clr0, CRGB &clr1)                 //" * ="运算符重载
#103    {
#104        clr0.red *=clr1.red;
#105        clr0.green *=clr1.green;
#106        clr0.blue *=clr1.blue;
#107        return clr0;
#108    }
#109    CRGB operator /= (CRGB &clr0, double scalar)              //"/="运算符重载
```

```
#110    {
#111        if(fabs(scalar) <1e-4)
#112            scalar =1.0;
#113        clr0.red /=scalar;
#114        clr0.green /=scalar;
#115        clr0.blue /=scalar;
#116        return clr0;
#117    }
#118    void CRGB::Normalize(void)                              //颜色归一化到 0,1 区间
#119    {
#120        red =(red <0.0) ? 0.0 : ((red >1.0) ? 1.0 : red);
#121        green =(green <0.0) ? 0.0 : ((green >1.0) ? 1.0 : green);
#122        blue =(blue <0.0) ? 0.0 : ((blue >1.0) ? 1.0 : blue);
#123    }
```

程序说明：颜色分量为浮点数 red、green 和 blue。对运算符进行重载，可以直接对颜色进行四则运算，最后将颜色分量归一化到[0,1]区间。在程序中使用 RGB 宏表示时，再将颜色分量乘以 255。

2）CPoint2 类

为了在窗口客户区内绘制图形，定义 CPoint2 类用以处理二维整数坐标与颜色。

```
#include"RGB.h"
#1     class CPoint2
#2     {
#3     public:
#4         CPoint2(void);
#5         CPoint2(int x, int y);
#6         CPoint2(int x, int y, CRGB c);
#7         virtual ~CPoint2(void);
#8         friend CPoint2 operator +(const CPoint2 &pt0, const CPoint2 &pt1);
                                                                   //运算符重载
#9         friend CPoint2 operator -(const CPoint2 &pt0, const CPoint2 &pt1);
#10        friend CPoint2 operator * (const CPoint2 &pt, double scalar);
#11        friend CPoint2 operator * (int scalar, const CPoint2 &pt);
#12        friend CPoint2 operator / (const CPoint2 &pt, int scalar);
#13    public:
#14        int x, y;
#15        CRGB c;
#16    };
#17    CPoint2::CPoint2(void)
#18    {
#19        x =0;
#20        y =0;
#21        c =CRGB(0, 0, 0);
```

```
#22    }
#23    CPoint2::CPoint2(int x,int y)
#24    {
#25        this->x =x;
#26        this->y =y;
#27        c =CRGB(0, 0, 0);
#28    }
#29    CPoint2::CPoint2(int x, int y, CRGB c)
#30    {
#31        this->x =x;
#32        this->y =y;
#33        this->c =c;
#34    }
#35
#36    CPoint2::~CPoint2(void)
#37    {
#38    }
#39    CPoint2 operator +(const CPoint2 &pt0, const CPoint2 &pt1)    //和
#40    {
#41        CPoint2 point;
#42        point.x =pt0.x +pt1.x;
#43        point.y =pt0.y +pt1.y;
#44        return point;
#45    }
#46    CPoint2 operator -(const CPoint2 &pt0, const CPoint2 &pt1)    // 差
#47    {
#48        CPoint2 point;
#49        point.x =pt0.x -pt1.x;
#50        point.y =pt0.y -pt1.y;
#51        return point;
#52    }
#53    CPoint2 operator * (const CPoint2 &pt, int scalar)            //点和常量的积
#54    {
#55        return CPoint2(pt.x * scalar, pt.y * scalar);
#56    }
#57    CPoint2 operator * (int scalar, const CPoint2 &pt)            //常量和点的积
#58    {
#59        return CPoint2(pt.x * scalar, pt.y * scalar);
#60    }
#61    CPoint2 operator / (const CPoint2 &pt, double scalar)         //数除
#62    {
#63        if(fabs(scalar) <1e-4)
#64            scalar =1.0;
#65        CPoint2 point;
```

```
#66        point.x =int(pt.x / scalar);
#67        point.y =int(pt.y / scalar);
#68        return point;
#69    }
```

程序说明：MFC中已经提供了CPoint类处理整型二维点，但该类不包含颜色，为此定义了CPoint2类处理整型二维点的坐标及其颜色，并对运算符进行了重载。

3）CP2类

为了在计算时保证精度，定义CP2类用以处理二维浮点坐标与颜色。

```
#include"RGB.h"
#1     class CP2
#2     {
#3     public:
#4         CP2(void);
#5         CP2(double x, double y);
#6         CP2(double x, double y, CRGB c);
#7         virtual ~CP2(void);
#8         friend CP2 operator +(const CP2 &p1, const CP2 &p2);        //运算符重载
#9         friend CP2 operator -(const CP2 &p1, const CP2 &p2);
#10        friend CP2 operator * (const CP2 &p, double scalar);
#11        friend CP2 operator * (double scalar, const CP2 &p);
#12        friend CP2 operator / (const CP2 &p, double scalar);
#13    public:
#14        double x, y;
#15        CRGB c;
#16    };
#17    CP2::CP2(void)
#18    {
#19        x =0.0;
#20        y =0.0;
#21        c =CRGB(0, 0, 0);
#22    }
#23    CP2::CP2(double x, double y)
#24    {
#25        this->x =x;
#26        this->y =y;
#27        c =CRGB(0, 0, 0);
#28    }
#29    CP2::CP2(double x, double y, CRGB c)
#30    {
#31        this->x =x;
#32        this->y =y;
#33        this->c =c;
#34    }
#35    CP2::~CP2(void)
#36    {
#37    }
```

```
#38    CP2 operator +(const CP2 &p1, const CP2 &p2)                    //和
#39    {
#40        CP2 p;
#41        p.x =p1.x +p2.x;
#42        p.y =p1.y +p2.y;
#43        return p;
#44    }
#45    CP2 operator -(const CP2 &p1, const CP2 &p2)                    //差
#46    {
#47        CP2 p;
#48        p.x =p1.x -p2.x;
#49        p.y =p1.y -p2.y;
#50        return p;
#51    }
#53    CP2 operator * (const CP2 &p, double scalar)                    //点和常量的积
#54    {
#55        return CP2(p.x * scalar, p.y * scalar);
#56    }
#57    CP2 operator * (double scalar, const CP2 &p)                    //常量和点的积
#58    {
#59        return CP2(p.x * scalar, p.y * scalar);
#60    }
#61    CP2 operator / (const CP2 &p1, double scalar)                   //数除
#62    {
#63        if(fabs(scalar) <1e-4)
#64            scalar =1.0;
#65        CP2 p;
#66        p.x =p1.x / scalar;
#67        p.y =p1.y / scalar;
#68        return p;
#69    }
```

程序说明：MFC 中定义了 CP2 类处理浮点型二维点的坐标与颜色，并对运算符进行了重载。

4）CTriangle 类

工程中定义了 CTriangle 类，基于边标志算法绘制颜色渐变三角形。

```
#include"P2.h"
#include"Point2.h"
#include <math.h>
#define Round(d) int(floor(d +0.5))
#1     class CTriangle
#2     {
#3     public:
```

```
#4        CTriangle(void);
#5        CTriangle(CP2 P0, CP2 P1, CP2 P2);                          //浮点数构造三角形
#6        virtual ~CTriangle(void);
#7        void GouraudShading(CDC * pDC);                             //填充三角形
#8        void EdgeFlag(CPoint2 PStart, CPoint2 PEnd, BOOL bFeature);      //为边做标记
#9         CRGB LinearInterp(double t, double tStart, double tEnd, CRGB cStart,
           CRGB cEnd);                                                //线性插值
#10       void SortVertex(void);                                      //顶点排序
#11   private:
#12       CPoint2 point0, point1, point2;                             //三角形的整数顶点坐标
#13       CPoint2 * pLeft;                                            //跨度的起点数组标志
#14       CPoint2 * pRight;                                           //跨度的终点数组标志
#15       int nIndex;                                                 //记录扫描线条数
#16   };
#17   CTriangle::CTriangle(void)
#18   {
#19   }
#20   CTriangle::CTriangle(CP2 P0, CP2 P1, CP2 P2)
#21   {
#22       point0.x =Round(P0.x);
#23       point0.y =Round(P0.y);
#24       point0.c =P0.c;
#25       point1.x =Round(P1.x);
#26       point1.y =Round(P1.y);
#27       point1.c =P1.c;
#28       point2.x =Round(P2.x);
#29       point2.y =Round(P2.y);
#30       point2.c =P2.c;
#31   }
#32   CTriangle::~CTriangle()
#33   {
#34   }
#35   void CTriangle:: GouraudShading(CDC * pDC)
#36   {
#37       SortVertex();                                               //三角形顶点排序
#38       int nTotalLine =point1.y -point0.y +1;
#39       pLeft =new CPoint2[nTotalLine];
#40       pRight =new CPoint2[nTotalLine];
#41       int nDeltz = (point1.x -point0.x) * (point2.y -point1.y) - (point1.y -
                    point0.y) * (point2.x -point1.x);      //点矢量叉积的 z 坐标
#42       if(nDeltz >0)                                          //三角形位于 P0P1 边的左侧
#43       {
#44           nIndex =0;
```

```
#45            EdgeFlag(point0, point2, TRUE);
#46            EdgeFlag(point2, point1, TRUE);
#47            nIndex =0;
#48            EdgeFlag(point0, point1, FALSE);
#49        }
#50        else                                          //三角形位于 P0P1 边的右侧
#51        {
#52            nIndex =0;
#53            EdgeFlag(point0, point1, TRUE);
#54            nIndex =0;
#55            EdgeFlag(point0, point2, FALSE);
#56            EdgeFlag(point2, point1, FALSE);
#57        }
#58        for(int y =point0.y ; y <point1.y; ++ y)        //下闭上开
#59        {
#60            int n =y -point0.y;
#61            for(int x =pLeft[n].x; x <pRight[n].x; ++x) //左闭右开
#62            {
#63                CRGB clr =ClrInterpolation(x, pLeft[n].x, pRight[n].x, pLeft
                  [n].c, pRight[n].c);
#64               pDC->SetPixelV(x, y, RGB(clr.red * 255, clr.green * 255, clr.
                 blue * 255));
#65            }
#66        }
#67        if(pLeft)
#68        {
#69            delete []pLeft;
#70            pLeft =NULL;
#71        }
#72        if(pRight)
#73        {
#74            delete []pRight;
#75            pRight =NULL;
#76        }
#77    }
#78    void CTriangle::EdgeFlag(CPoint2 PStart, CPoint2 PEnd, BOOL bFeature)
#79    {
#80        CRGB crColor =PStart.c;
#81        int dx =abs(PEnd.x -PStart.x);
#82        int dy =abs(PEnd.y -PStart.y);
#83        BOOL bInterChange =FALSE;            //bInterChange 为假,主位移方向为 x 方向
#84        int e, s1, s2, temp;
#85        s1 =(PEnd.x >PStart.x) ? 1 :((PEnd.x <PStart.x) ? -1 : 0);
#86        s2 =(PEnd.y >PStart.y) ? 1 :((PEnd.y <PStart.y) ? -1 : 0);
```

```
#87        if(dy >dx)            //bInterChange 为真,主位移方向为 y 方向
#88        {
#89            temp =dx;
#90            dx =dy;
#91            dy =temp;
#92            bInterChange =TRUE;
#93        }
#94        e =-dx;
#95        int x =PStart.x , y =PStart.y;
#96        for(int i =0;i <dx; i++)
#97        {
#98            if(bFeature)
#99                pLeft[nIndex] =CPoint2(x, y, crColor);
#100           else
#101               pRight[nIndex] =CPoint2(x, y, crColor);
#102           if(bInterChange)
#103           {
#104               y +=s2;
#105               crColor =LinearInterp(y, PStart.y, PEnd.y, PStart.c, PEnd.c);
#106               if(bFeature)
#107                   pLeft[++nIndex] =CPoint2(x, y, crColor);
#108               else
#109                   pRight[++nIndex] =CPoint2(x, y, crColor);
#110           }
#111           else
#112           {
#113               x +=s1;
#114               crColor =LinearInterp(x, PStart.x, PEnd.x, PStart.c, PEnd.c);
#115           }
#116           e +=2 * dy;
#117           if(e >=0)
#118           {
#119               if(bInterChange)
#120               {
#121                   x +=s1;
#122                   crColor =LinearInterp(y, PStart.y, PEnd.y, PStart.c, PEnd.c);
#123               }
#124               else
#125               {
#126                   y +=s2;
#127                   crColor =LinearInterp(x, PStart.x, PEnd.x, PStart.c, PEnd.c);
```

```
#128                if(bFeature)
#129                    pLeft[++nIndex] =CPoint2(x, y, crColor);
#130                else
#131                    pRight[++nIndex] =CPoint2(x, y, crColor);
#132            }
#133            e -=2 * dx;
#134        }
#135    }
#136 }
#137 CRGB CTriangle::LinearInterp(double t, double tStart, double tEnd, CRGB
     cStart, CRGB cEnd)
#138 {
#139     CRGB color;
#140     color = (tEnd - t) / (tEnd - tStart) * cStart + (t - tStart) / (tEnd -
     tStart) * cEnd;
#141     return color;
#142 }
#143 void CTriangle::SortVertex(void)
#144 {
#145     CPoint2 pt[3];
#146     pt[0] =point0;
#147     pt[1] =point1;
#148     pt[2] =point2;
#149     for(int i =0; i <2; i++)
#150     {
#151         int k =i;
#152         for(int j =i +1;j <3; j++)
#153         {
#154             if(p[k].y >=p[j].y)
#155                 k =j;
#156         }
#157         if(k !=i)
#158         {
#159             CPoint2 pTemp =pt[i];
#160             pt[i] =p[k];
#161             pt[k] =pTemp;
#162         }
#163     }
#164     point0 =pt[0];
#165     point1 =pt[2];
#166     point2 =pt[1];
#167 }
```

程序说明：第5行语句声明构造三角形函数，输入的顶点坐标是浮点型。第7行语句声明填充三角形函数，颜色渐变方法采用的是 Gouraud 明暗处理模式。第8行语句声明边标志函数，将三角形的 3 条边打上标记，然后存储到数组中。第 9 行语句声明颜色线性插值函数，颜色用 CRGB 类表示。第 10 行语句对三角形的顶点进行排序，以确定主边。第 17～31 行语句读入三角形的顶点，构造三角形函数。第 35～77 行语句填充三角形。在三角形 $P_0P_1P_2$中，先对顶点进行排序，使 P_0点为 y 坐标最小的点，P_1点为 y 坐标最大的点，P_2点的 y 坐标位于二者之间。P_0P_1称为三角形的主边。若 P_2 点位于 P_0P_1边左侧，称为左三角形。若 P_2点位于 P_0P_1边右侧，称为右三角形。由于三角形为凸多边形，因此可以根据三角形的法矢量 $\vec{N}$ 的 z 分量的正负确定 P_2 点与主边 P_0P_1的相互位置关系。第 37 行语句对三角形的 3 个顶点进行排序，具体工作在第 143～167 行语句中完成。第 38 行语句计算三角形覆盖的扫描线条数。第 39～40 行语句定义标志数组 pLeft 和 pRight。pLeft 数组存放边特征为真的离散点标志，即跨度的左边；pRight 数组存放边特征为假的离散点标志，即跨度的右边。第 41 行语句确定三角形为左三角形或右三角形。假设 Δz 代表三角形法矢量 $\vec{N}=\overrightarrow{P_0P_1}\times\overrightarrow{P_1P_2}$的 z 分量。在右手坐标系$\{O;x,y,z\}$中，如果 $\Delta z>0$，则 $P_0P_1P_2$为左三角形；否则 $P_0P_1P_2$为右三角形。第 42～49 行语句处理左三角形。第 51～57 行语句处理右三角形。第 58～66 行语句按照扫描线递增顺序填充三角形。第 63 行语句对跨度的左标志数组 pLeft 和右标志数组 pRight 中存放的标志点进行颜色线性插值。第 78～136 行语句使用 Bresenham 算法离散三角形的 3 条边，并将离散后的点存储在 pLeft 和 pRight 中。第 137～142 行语句进行颜色的线性插值计算。

5）在 TestView.cpp 中添加 WM_LBUTTONDOWN 消息的响应函数

在左键按下响应函数中，获取三角形的顶点坐标。为了增强三角形顶点的绘制效果，每个顶点都使用小圆代替。

```
#1     void CTestView::OnLButtonDown(UINT nFlags, CPoint point)
#2     {
#3         // TODO: Add your message handler code here and/or call default
#4         if(bEndDraw)
#5         {
#6             RedrawWindow();
#7             i=0;
#8         }
#9         CClientDC dc(this);
#10        if(i<n)
#11        {
#12            p[i].x =point.x;
#13            p[i].y =point.y;
#14            dc.Ellipse(point.x-5,point.y-5,point.x+ 5,point.y+ 5);
#15            i+ + ;
#16            bEndDraw =false;
#17        }
#18        CView::OnLButtonDown(nFlags, point);
#19    }
```

程序说明：参数 bEndDraw 用于控制三角形的重绘。每次绘制结束后，都重新点 3 个点,可以重新绘制三角形。三角形的顶点都存储在数组 p 中。

6) 在 TestView.cpp 中添加 WM_LBUTTONUP 消息的响应函数

在左键弹起响应函数中,对三角形进行光滑着色填充。

```
#1      void CTestView::OnLButtonUp(UINT nFlags, CPoint point)
#2      {
#3          // TODO: Add your message handler code here and/or call default
#4          if(n ==i)
#5          {
#6              CDC * pDC =GetDC();
#7              p[0] =CP2(p[0].x, p[0].y, CRGB(1.0, 0.0, 0.0));
#8              p[1] =CP2(p[1].x, p[1].y, CRGB(0.0, 1.0, 0.0));
#9              p[2] =CP2(p[2].x, p[2].y, CRGB(0.0, 0.0, 1.0));
#10             CTriangle triangle(p[0],p[1], p[2]);
#11             triangle.GouraudShading(pDC);
#12             ReleaseDC(pDC);
#13             bEndDraw =true;
#14         }
#15         CView::OnLButtonUp(nFlags, point);
#16     }
```

程序说明:第 7~9 行语句中,定义第 1 个顶点的颜色(索引号为 0)为红色;定义第 2 个顶点的颜色(索引号为 1)为绿色;定义第 3 个顶点的颜色(索引号为 2)为蓝色。修改此处可以生成其他颜色的光滑着色三角形。

另外,Visual Studio 2010 可能会出现重绘,也就是说,图形会绘制两次。这是 Visual Studio 2010 系统固有的问题,是由于系统两次调用 OnDraw()函数引起的。为了避免重绘,增加图形生成的时间,给出以下代码。

(1) 在 CTestView 类的头文件中声明控制变量:

```
private:
    BOOL bRedraw;              //重绘状态
```

(2) 在 CTestView 类的实现文件的构造函数中增加语句:

```
CTestView::CTestView()
{
    // TODO: add construction code here
    bRedraw =TRUE;
}
```

(3) 在 CTestView 类的实现文件的 OnDraw()函数中增加语句:

```
void CTestView::OnDraw(CDC * pDC)
{
    CTestDoc * pDoc =GetDocument();
    ASSERT_VALID(pDoc);
```

```
    if (!pDoc)
        return;
    if(bRedraw)
    {
        bRedraw =FALSE;
        return;
    }
}
```

程序说明：为 CTestView 添加私有成员变量 bRedraw。bRedraw 的初始值为真。在 OnDraw()函数中，当 bRedraw 为真时，退出；当 bRedraw 为假时，开始绘制。通过设置以上控制代码，可以实现图形只绘制一次的效果。

4.6.4 程序总结

无论多么复杂的物体，最终都可以使用三角形网格逼近。解决了三角形网格的填充问题，就解决了图形的表面着色问题。三角形是一个凸多边形，扫描线与三角形相交只有一对交点，形成一个跨度。填充了跨度内的所有像素点，就填充了三角形。本案例基于边标志算法，根据已知三角形 3 个顶点的颜色，双线性插值生成颜色渐变三角形。三角形顶点坐标使用鼠标动态确定。

4.7 课外作业

请课后完成第 2、3、5、8、10 题。习题解答参见《计算机图形学基础教程(Visual C++版)》(第 3 版)。在完成习题的情况下，可以继续学习《计算机图形学基础教程(Visual C++版)》(第 3 版)的习题拓展部分，并完成第 1、2 题。

第5章　二维变换与裁剪

本章主要讲解二维基本几何变换矩阵和二维图形裁剪。二维几何变换使得二维图形运动起来，借助双缓冲技术可以生成二维图形动画。二维几何变换包括平移变换、比例变换、旋转变换、反射变换和错切变换。任何仿射变换总可以表示为这5种变换的组合。二维变换中，平移变换用加法处理，其余变换用乘法处理。为了将二维变换统一表示为一个矩阵，即用一种一致的乘法处理二维变换问题，需要消除矩阵的加法运算，为此引入了点的齐次坐标。

二维裁剪属于二维观察的内容。窗口建立在观察坐标系、视区建立在屏幕坐标系。为了减少窗视变换的计算量，本教材中假定窗口与视区的大小一致。通过窗口观察场景时，窗口边界会对场景进行自然裁剪，然后将可见部分绘制到视区中。常用的裁剪算法有Cohen-Sutherland裁剪算法、中点分割裁剪算法和Liang-Barsky裁剪算法。本章最后介绍Sutherland-Hodgman逐边裁剪算法。多边形裁剪算法要求裁剪后的图形边界是自然闭合的，也就是说，裁剪窗口的部分边界做了裁剪后多边形的边界。

5.1　知识点

(1) 几何变换：指对图形进行平移、比例、旋转、反射和错切，使得图形运动起来。其中前平移变换和旋转变换的组合是刚体变换，变换后的物体不会发生变形。平移、比例、旋转变换的组合是仿射变换，具有保持直线平行的特性，但是不保持长度和角度不变。剪切变换也是仿射变换，将正方形变为平行四边形。

(2) 齐次坐标：就是用$n+1$维矢量表示n维矢量。我们知道，点的平移变换用加法表示，而比例变换和旋转变换用乘法表示。如果点表示为齐次坐标，则3种变换都用乘法处理。

(3) 二维变换矩阵：是一个3×3的方阵，从功能上分为4个子矩阵。左上角2×2的方阵对图形进行比例、旋转、反射和错切变换；右上角2×1的矩阵对图形进行平移变换；左下角1×2的矩阵对图形进行投影变换；右下角的1×1方阵对图形进行整体比例变换。

(4) 二维基本变换：是指相对坐标系原点或坐标轴进行的几何变换。

(5) 复合变换：是指图形做了一次以上的基本变换。复合变换矩阵是基本变换矩阵的组合形式。

(6) 世界坐标系：是描述其他坐标系需要的参考框架，常用于建立三维场景。

(7) 建模坐标系：描述物体几何模型的坐标系，主要用于建立物体的三维模型。

(8) 观察坐标系：是在世界坐标系中定义的直角坐标系，主要用于指定图形的输出范围。

(9) 屏幕坐标系：是整数域二维直角坐标系，用于确定图形的输出内容。

(10) 设备坐标系：显示器等图形输出设备自身都带有的一个二维直角坐标系。设备坐标系是整数域二维坐标系，原点位于窗口客户区左上角，x 轴水平向右为正向，y 轴垂直向下为正向，基本单位为像素。

(11) 规格化设备坐标系：规格化到[0,0]～[1,1]范围的设备坐标系。

(12) 右手坐标系：各轴之间的顺序要求符合右手螺旋法则，即右手握住 Z 轴，让右手的四指从 X 轴的正向以 90°的直角转向 Y 轴的正向，这时大拇指指的方向就是 Z 轴的正向。

(13) 左手坐标系：各轴之间的顺序要求符合左手螺旋法则，即左手握住 Z 轴，让左手的四指从 X 轴的正向以 90°的直角转向 Y 轴的正向，这时大拇指指的方向就是 Z 轴的正向。

(14) 窗视变换：图形输出需要完成从窗口到视区的变换，只有位于窗口内的图形，才能在视区中输出，并且输出的形状要根据视区的大小进行适当调整。

(15) 区域码：假设窗口是标准矩形，由上、下、左、右 4 条边组成。延长窗口的 4 条边界形成 9 个区域，为每个区域分配一组 4 位的二进制编码，称为区域编码。

(16) 分治法：字面上的解释是"分而治之"，就是把一个复杂的问题分成两个或更多个相同或相似的子问题，再把子问题分成更小的子问题……直到最后子问题可以直接求解，原问题的解即子问题的解的合并。

5.2 教学时数

本章理论教学时数为 6 学时。详细讲解内容为：三维基本变换、二维复合变换、坐标系的分类、窗视变换、Cohen-Sutherland 裁剪算法、中点分割裁剪算法等。粗略讲解内容为：Liang-Barsky 裁剪算法和 Sutherland-Hodgman 多边形裁剪算法等。

5.3 教学目标

1. 了解齐次坐标

所谓齐次坐标，就是用 $n+1$ 维矢量表示 n 维矢量。例如，在二维平面中，点 $P(x,y)$的齐次坐标表示为(Wx,Wy,W)。因此，(2,3,1)、(4,6,2)、(12,18,6)是用不同的齐次坐标三元组表示的同一个二维点(2,3)。每个二维点都有多种齐次坐标表示形式。如果 W 不等于零，就可以用 W 去除齐次坐标。如果 $W=1$，就是规范化的齐次坐标。二维点 $P(x,y)$的规范化齐次坐标为$(x,y,1)$。图 5-1 中，XYW 构成了三维齐次坐标空间，X 坐标代表 Wx，Y 坐标代表 Wy。(x,y)点是(X,Y,W)点的中心透视投影(投影中心为坐标系原点 O)，即 $x=X/W$，$y=Y/W$。规范化后的三维点(X,Y,W)形成一个被等式 $W=1$ 定义的平面，这里 $W\neq0$。如果 $W=0$，三维点(X,Y,W)被称为无穷远点。无穷远点不在$(x,y,1)$平面上。定义齐次坐标以后，图形几何变换就可以表示为变换矩阵与图形顶点集合的齐次坐标矩阵相乘的统一形式。

2. 了解二维变换矩阵

引入齐次坐标后，二维几何变换可以表示为：变换后的齐次坐标点矩阵等于变换矩阵与变换前的齐次坐标点矩阵的乘积。这样，通过对 3×3 的变换矩阵的各元素赋值，就可以定义平移矩阵、比例矩阵、旋转矩阵、反射矩阵和错切矩阵。

3. 实现 Cohen-Sutherland 裁剪算法

Cohen-Sutherland 裁剪算法。延长窗口的 4 条边界形成 9 个区域，为每个区域分配一组 4 位的二进制编码。Cohen 和 Sutherland 创造性地提出了直线段端点的编码规则，但这种裁剪算法需要求解直线段与窗口边界的交点。

4. 实现中点分割裁剪算法

中点分割裁剪算法避免了直线段与窗口边界的求交运算，只递归计算直线段中点坐标就可以完成直线段的裁剪，但递归计算工作量较大。

5. 了解 Liang-Barsky 裁剪算法

Liang-Barsky 裁剪算法是这 3 种算法中效率最高的算法，借助参数方程，把二维裁剪问题转化成一维裁剪问题，把直线段的裁剪问题转化为求解一组不等式问题。

6. 了解 Sutherland-Hodgman 多边形裁剪算法

多边形裁剪算法要求裁剪后的图形边界是自然闭合的，也就是说，裁剪窗口的部分边界做了裁剪后多边形的边界。多边形的裁剪使用了分治法的思想，每次用窗口的一条边裁剪多边形。

5.4 重点难点

教学重点：二维基本变换、二维复合变换、坐标系的分类、窗视变换，Cohen-Sutherland 裁剪算法、中点分割算法。教学难点：Liang-Barsky 裁剪算法、多边形裁剪算法。

5.4.1 教学重点

1. 二维基本变换

二维仿射变换表示为

$$\begin{cases} x' = ax + by + e \\ y' = cx + dy + f \end{cases} \tag{5-1}$$

写成矩阵形式为

$$\begin{bmatrix} x' \\ y' \end{bmatrix} = \begin{bmatrix} a & b \\ c & d \end{bmatrix} \begin{bmatrix} x \\ y \end{bmatrix} + \begin{bmatrix} e \\ f \end{bmatrix} \tag{5-2}$$

式中，(x,y)为变换前的二维点，(x',y')为变换后的二维点。

式(5-2)中，平移变换用加法处理，其余变换用乘法处理。更有效的方法是将二维变换统一表示为一个矩阵，即用一种一致的乘法处理二维变换问题。这需要消除矩阵的加法运算，为此引入点的齐次坐标。$P(x,y)$的齐次坐标可以简单地表示为 $P(x,y,w)$。x、y 作为点的参数用于绘制图形，w 只是参与矩阵运算。通常令 $w=1$，即使用规范化齐次坐标避免除法运算。

将二维变换公式写为 $P'=M \cdot P$

$$\begin{bmatrix} x'_0 & x'_1 & \cdots & x'_{n-1} \\ y'_0 & y'_1 & \cdots & y'_{n-1} \\ 1 & 1 & \cdots & 1 \end{bmatrix} = \begin{bmatrix} a & b & e \\ c & d & f \\ p & q & s \end{bmatrix} \begin{bmatrix} x_0 & x_1 & \cdots & x_{n-1} \\ y_0 & y_1 & \cdots & y_{n-1} \\ 1 & 1 & \cdots & 1 \end{bmatrix} \tag{5-3}$$

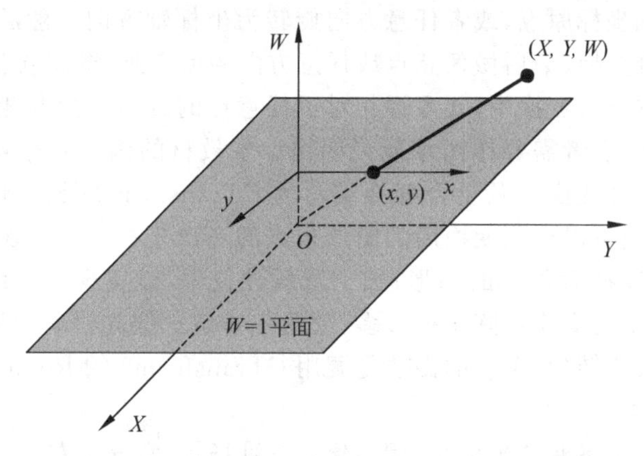

图 5-1 XYW三维齐次坐标空间向 xy 二维空间投影

式中,$P(x,y)$为变换前的二维点,$P'(x',y')$为变换后的二维点,$\boldsymbol{M}$ 为变换矩阵。本章中的二维点采用列阵表示,这是国际上通用的做法。

基于齐次坐标表示的二维变换矩阵为

1) 平移变换矩阵

$$\boldsymbol{M}=\begin{bmatrix}1 & 0 & T_x\\0 & 1 & T_y\\0 & 0 & 1\end{bmatrix} \tag{5-4}$$

2) 比例变换矩阵

$$\boldsymbol{M}=\begin{bmatrix}S_x & 0 & 0\\0 & S_y & 0\\0 & 0 & 1\end{bmatrix} \tag{5-5}$$

3) 旋转变换矩阵

$$\boldsymbol{M}=\begin{bmatrix}\cos\beta & -\sin\beta & 0\\\sin\beta & \cos\beta & 0\\0 & 0 & 1\end{bmatrix} \tag{5-6}$$

4) 反射变换矩阵

$$\boldsymbol{M}=\begin{bmatrix}-1 & 0 & 0\\0 & -1 & 0\\0 & 0 & 1\end{bmatrix} \tag{5-7}$$

5) 错切变换矩阵

$$\boldsymbol{M}=\begin{bmatrix}1 & b & 0\\c & 1 & 0\\0 & 0 & 1\end{bmatrix} \tag{5-8}$$

式(5-4)～式(5-8)给出的是二维基本变换矩阵。所谓基本,指的是相对于坐标系原点或坐标轴进行的几何变换。

2. 二维复合变换

二维复合变换主要讲解相对于任意参考点与任意参考方向的几何变换。变换方法是:

首先将任意点平移到坐标原点,或者任意方向旋转为坐标轴方向。然后相对于任一点或任意方向做具体的二维变换,最后做任意点或任意方向的反变换,将任意点或者任意方向恢复到原始状态。在二维复合变换中,要重视相对于任意点的旋转变换与相对于任意点的比例变换。前者容易理解,后者需要作图才能说明白。主教材的例 5-1 与例 5-2 分别进行了讲解。主教材中将这 5 种变换以及复合变换编写为 CTransform2 类。将变换矩阵乘以图形顶点齐次坐标矩阵,就可以得到变换后的图形顶点的齐次坐标矩阵。擦除用变换前顶点坐标绘制的图形,绘制变换后顶点的图形,加上双缓冲技术,就实现了二维图形变换的动画。这 5 个变换矩阵中,旋转变换矩阵用得最多,要重点讲解。假如讲解金刚石图案的旋转,学生最容易想到的是改变转角,正规的做法是调用 CTransform2 的 Rotate()函数进行旋转。

3. 坐标系的分类

世界坐标系是固定不变的坐标系,用于建立三维场景,常分为左手系与右手系。建模坐标系用于建立物体的几何模型。坐标系原点可以建立在物体的任何位置,如圆柱的底面中心、立方体的体心或者立方体的任意一个顶点。世界坐标系相当于三维场景的舞台,定义了出场物体的相互位置,也用于确定视点位置和视向、光源位置等。将物体借助建模坐标系到世界坐标系的变换导入世界坐标系。观察坐标系定义了视点的位置和朝向。屏幕坐标系位于物体与视点之间。在屏幕坐标系内绘制物体的二维投影图。最后由规格化设备坐标系变换到设备坐标系进行图像输出,如图 5-2 所示。

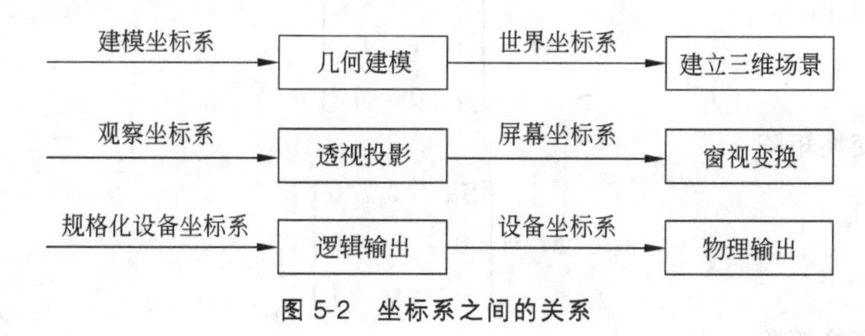

图 5-2　坐标系之间的关系

4. 窗视变换

在观察坐标系中定义的确定图形显示内容的区域称为窗口。在设备坐标系中定义的输出图形的区域称为视区。窗口和视区常为矩形,大小可以不相同。一般情况下,用户把窗口内感兴趣的图形输出到屏幕上相应的视区内。可以在屏幕上定义多个视区,用来同时显示不同窗口内的图形信息。图形输出需要进行从窗口到视区的变换,只有窗口内的图形才能在视区中输出,并且输出的形状要根据视区的大小进行调整,这称为窗视变换。

窗视变换矩阵为

$$\boldsymbol{M}=\begin{bmatrix} s_x & 0 & v_{xl}-w_{xl}s_x \\ 0 & s_y & v_{yb}-w_{yb}s_y \\ 0 & 0 & 1 \end{bmatrix} \tag{5-9}$$

为了减少窗视变换的计算量,常假定窗口与视区的大小一致。

5. Cohen-Sutherland 裁剪算法

Cohen-Sutherland 裁剪算法是一种直线段裁剪算法,其特点是将窗口边界延长得到 9 个区域,为了判断直线段端点位于哪个区域,使用 4 位二进制数编码进行数字化处理。裁剪主要分为以下 3 步:简取、简弃、求交。

(1) 若直线段的两个端点的区域编码都为 0,即 $RC_0 | RC_1 = 0$(二者按位相或的结果为 0,即 $RC_0 = 0$ 且 $RC_1 = 0$),说明直线段的两个端点都在窗口内,应“简取”。

(2) 若直线段的两个端点的区域编码都不为 0,即 $RC_0 \& RC_1 \neq 0$(二者按位相与的结果不为 0,即 $RC_0 \neq 0$ 且 $RC_1 \neq 0$,直线段位于窗外的同一侧),说明直线段的两个端点都在窗口外,应“简弃”。

(3) 若直线段既不满足“简取”的条件,也不满足“简弃”的条件,则需要与窗口进行“求交”判断。

求交这一步需要计算窗口边界与直线段的交点。

6. 中点分割裁剪算法

Cohen-Sutherland 裁剪算法提出对直线段端点进行编码,并把直线段与窗口的位置关系划分为 3 种情况:对前两种情况进行“简取”与“简弃”的简单处理;对于第 3 种情况,需要计算直线段与窗口边界的交点。中点分割裁剪算法对第 3 种情况做了改进,不需要求解直线段与窗口边界的交点,就可以对直线段进行裁剪。

中点分割裁剪算法的原理是:简单地把起点为 P_0,终点为 P_1 的直线段等分为两段直线 PP_0 和 PP_1(P 为直线段中点),对每段直线重复“简取”和“简弃”的处理,对于不能处理的直线段,再继续等分下去,直至每段直线完全能够被“简取”或“简弃”,也就是说,直至每段直线完全位于窗口内或完全位于窗口外,就完成了直线段的裁剪工作,如图 5-3 所示。直线段中点分割裁剪算法是采用二分算法的思想逐次计算直线段的中点 P,以逼近窗口边界,设定控制常数 c 为一个很小的数(如 $c=10^{-4}$),当 $|PP_0|$ 或 $|PP_1|$ 小于控制常数 c 时,中点收敛于直线段与窗口的交点。中点分割裁剪算法的计算过程只用到加法和移位运算,易于使用硬件实现。用硬件实现中点分割算法既快速,又高效,因为整个过程可以并行处理。硬件实现除 2 不过是将数码右移一位而已。

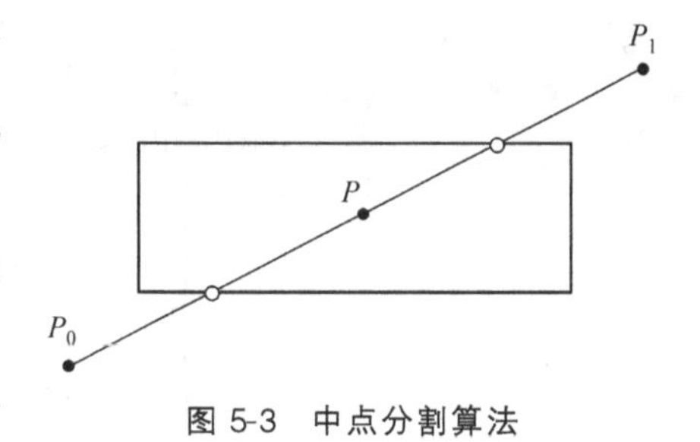

图 5-3 中点分割算法

5.4.2 教学难点

1. Liang-Barsky 裁剪算法

梁友栋和 Barsky 提出了比 Cohen-Sutherland 裁剪算法速度更快的直线段裁剪算法。该算法是以直线的参数方程为基础设计的,把直线与窗口边界求交的二维裁剪问题转化为通过求解一组不等式确定直线段参数的一维裁剪问题。Liang-Barsky 算法将直线段与窗口的相互位置关系划分为两种情况:平行于窗口边界的直线段不平行于窗口边界的直线段。

2. 多边形裁剪算法

多边形裁剪算法 Sutherland-Hodgman 又称为逐边裁剪算法,基本思想是:用裁剪窗口的 4 条边依次对多边形进行裁剪,并将一部分窗口边界加入裁剪后的多边形中,作为裁剪后的多边形边界。窗口边界的裁剪顺序无关紧要,这里采用左、右、下、上的顺序。多边形裁剪算法的输出结果为裁剪后的多边形顶点序列。在算法的每一步中,仅考虑窗口的一条边以及延长线构成的裁剪线,该线把平面分为两部分:一部分包含窗口,称为可见侧;另一部分落在窗口外，称为不可见侧。

对于裁剪窗口的每条边，多边形的任一顶点只有两种相对位置关系，即位于裁剪窗口的外侧(不可见侧)或内侧(可见侧)，共有 4 种情形。设边的起点为 P_0，终点为 P_1，边与裁剪窗口的交点为 P。图 5-4(a)中，P_0和 P_1都位于裁剪窗口内侧。将 P_1加入输出列表。图 5-4(b)中，P_0位于裁剪窗口内侧，P_1位于裁剪窗口外侧。将交点 P 加入输出列表。图 5-4(c)中，P_0位于裁剪窗口外侧，P_1位于裁剪窗口内侧。将交点 P 和 P_1加入输出列表。图 5-4(d)中，P_0和 P_1都位于裁剪窗口外侧。输出列表中不加入任何顶点。Sutherland-Hodgman 裁剪算法可用于裁剪任意凸多边形。

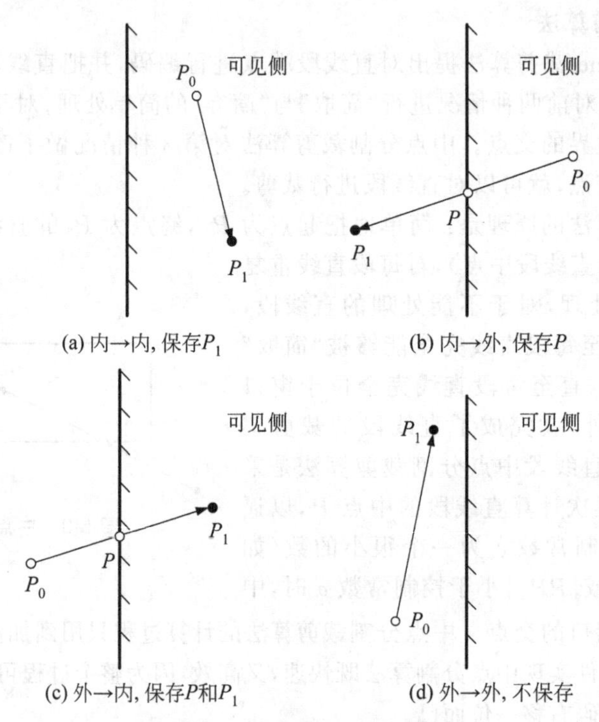

图 5-4　边与裁剪窗口的位置关系

5.5　教学案例建议

重点讲解二维变换的算法。二维变换可以让二维图形动起来。可以讲解正六边形线框与窗口客户区的碰撞动画，也可以讲解金刚石图案与窗口客户区的碰撞动画。这两个图形在与窗口客户区边界的碰撞过程中一边平移、一边绕自身中心旋转。

5.6　教学程序

使用静态切分视图，将窗口分为左、右窗格。左窗格为继承于 CFormView 类的表单视图类 CLeftPortion，右窗格为一般视图类 CTestView。左窗格提供代表“图形顶点数”(5、10、15 和 20)、“平移变换”(x 方向和 y 方向)、“旋转变换”(逆时针和顺时针)和“比例变换”(放大和缩小)的滑动条，用于控制右窗格内的图形变化。右窗格内以窗口客户区中心为图形的几何中心，绘制不同顶点数的金刚石图案。基于双缓冲技术，金刚石图案在右窗格内无闪烁运动，形成三维动画。设定背景色为黑色，图形用白色线条绘制。使用客户区边界检测技术，图形在右窗格内与客户区边界碰撞后改变运动方向，如图 5-5 所示。

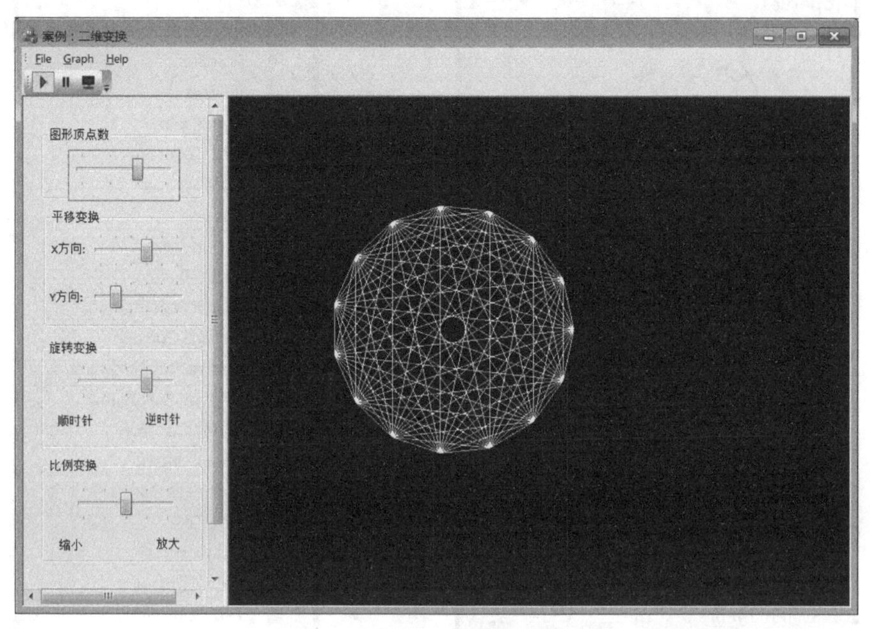

图 5-5 二维几何变换效果图

5.6.1 程序描述

程序由 3 部分构成：第一部分是建立划分左、右窗格的静态切分视图框架，左窗格指定为表单视图，右窗格指定为一般视图；第二部分是为左侧窗格滑动条控件添加消息映射函数；第三部分是通过文档类在右窗格内绘制动态二维图形，使用定时器技术控制图形在右窗格内按照左窗格设置的滑动条控件的位置值进行运动。二维图形与右窗格客户区边界发生碰撞后改变运动方向。

5.6.2 静态切分视图框架

所谓“静态切分”，是指文档窗口在第一次被创建时，窗格的次序和数目就已经被切分好了，不能再被改变，但是可以缩放窗格大小。每个窗格通常代表不同的视图类对象。本案例中，左窗格代表表单视图类 CLeftPortion，用于控制图形，右窗格代表一般视图类 CTestView，用于显示图形。静态切分视图框架的创建分为以下 6 个步骤。

(1) 在 ResourceView 面板中，新建默认标识符为 IDD_DIALOG1 的对话框资源。打开对话框属性，设置 Style 为 Child，Border 为 None，如图 5-6 所示。

(2) 在添加新的静态文本框前，先看 Toolbox 视图是否已显示，如果没有显示，在菜单栏上单击 View→Toolbox 即可，如图 5-7 所示。为对话框添加 4 个 Group Box 控件、7 个 StaticText 控件和 5 个 Slider 控件，如图 5-8 所示。滑动条控件的标识符从上至下依次为 IDC_SLIDER1～IDC_SLIDER5，分别代表图形顶点数、x 方向平移参数、y 方向平移参数、旋转角度和比例系数。为了在每个滑动条上都显示刻度线，可以选中 Tick Marks 和 Auto

Ticks 选项，如图 5-9 所示。将 Caption 为“三角形面片数：8”的静态文本的标识符设置为 IDC_CURFACE，用于响应顶点数变化的通知消息。

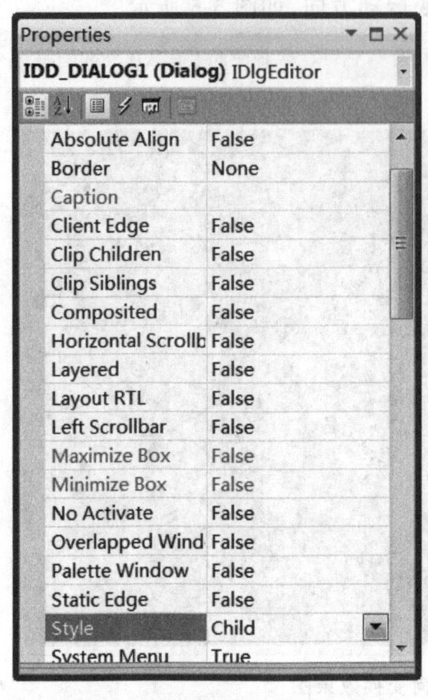

图 5-6　对话框 Style 属性设置

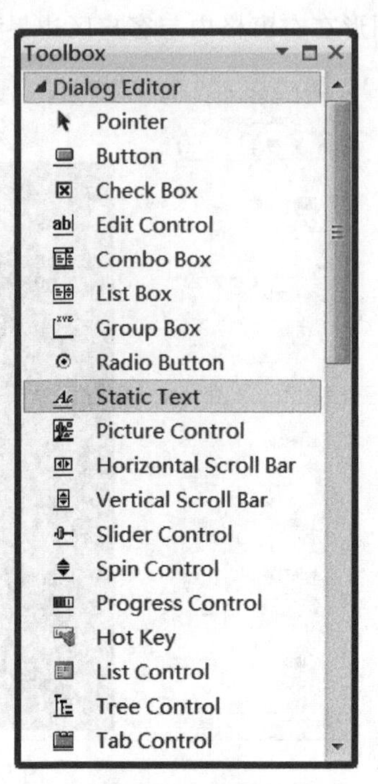

图 5-7　Toolbox

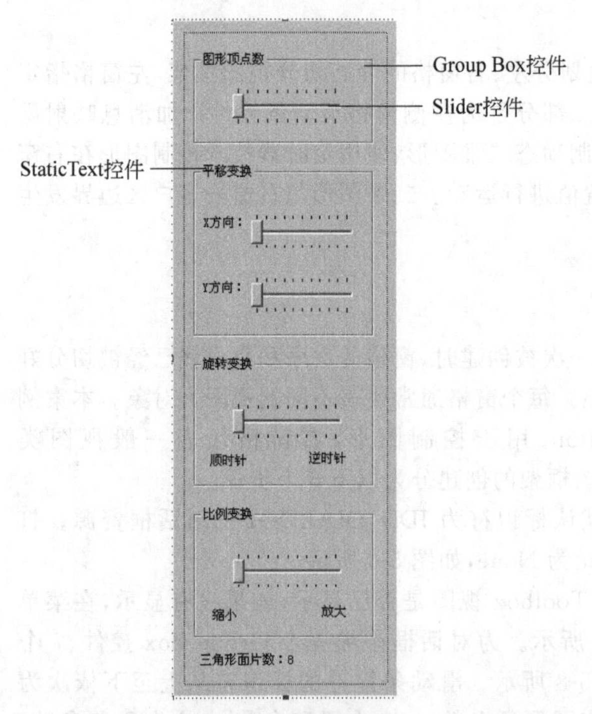

图 5-8　控件的设置

图 5-9　滑动条 Style 属性设置

(3) 双击对话框,创建继承于 CFormView 类的 CLeftPortion 类,如图 5-10 所示。CFormView 类具有许多无模态对话框的特点,并且可以包含控件。

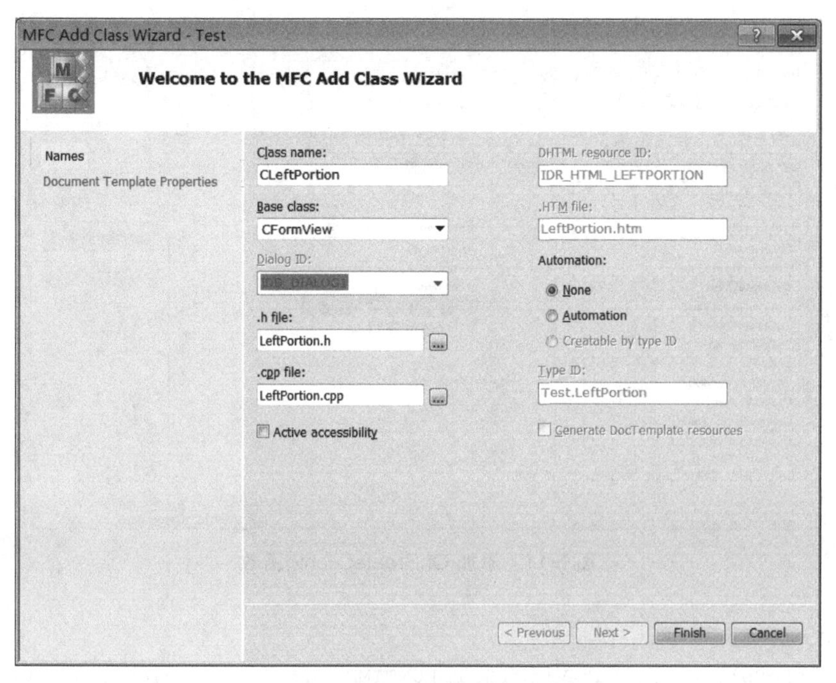

图 5-10 继承于表单类的对话框

(4) 在 CMainFrame 框架窗口类中声明一个 CSplitterWnd 类的成员变量 m_wndSplitter,定义如下。

```
protected:      // control bar embedded members
    CMFCMenuBar             m_wndMenuBar;
    CMFCToolBar             m_wndToolBar;
    CMFCStatusBar           m_wndStatusBar;
    CMFCToolBarImages       m_UserImages;
    CSplitterWnd            m_wndSplitter;        // 分割器
```

(5) 使用 ClassWizard 向导为 CMainFrame 类添加 OnCreateClient()函数。这里是使用 ClassWizard 重写父类的虚函数,而不是添加消息处理,如图 5-11 所示。

(6) 在 OnCreateClient()函数中调用 CSplitterWnd 类的成员函数 CSplitterWnd::CreateStatic()创建静态切分窗格,并调用 CSplitterWnd::CreateView()为每个窗格创建视图窗口。在主框架显示静态切分窗格口前,每个窗格的所有视图都必须已被创建好。

```
BOOL CMainFrame::OnCreateClient(LPCREATESTRUCT lpcs, CCreateContext * pContext)
{
    // TODO: Add your specialized code here and/or call the base class
    m_wndSplitter.CreateStatic(this,1,2);          //产生 1×2 的静态切分窗格
    m_wndSplitter.CreateView(0,0,RUNTIME_CLASS(CLeftPortion),CSize(220,600),
```

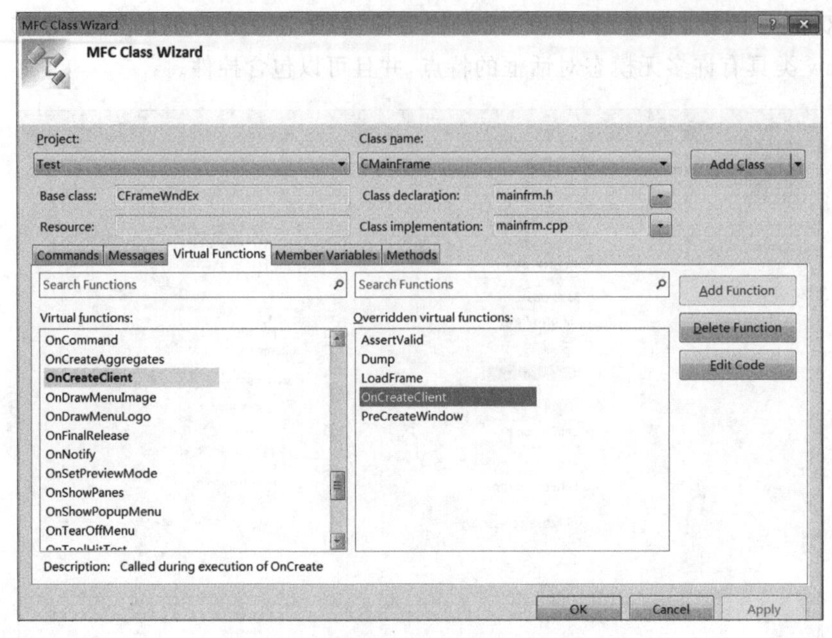

图 5-11 添加 OnCreateClient()函数

```
    pContext);
    m_wndSplitter.CreateView(0, 1, RUNTIME_CLASS(CTestView), CSize(520, 600),
    pContext);
    return TRUE;
    //return CFrameWndEx::OnCreateClient(lpcs, pContext);
}
```

这里,CLeftPortion 视图的宽度为 220,高度为 600。CTestView 视图的宽度为 520,高度为 600。由于使用到 CLeftPortion 和 CTestView 视图类,因此必须包含相应的头文件。在 MainFrm.cpp 文件的开始部分添加以下 3 个头文件:

```
#include "LeftPortion.h"
#include "TestDoc.h"
#include "TestView.h"
```

产生静态切分后,就不能再调用默认情况下的基类的 OnCreateClient()函数了。因此,应该将下面的代码行删除或者注释掉:

```
return CFrameWnd::OnCreateClient(lpcs, pContext);
```

5.6.3 设计左窗格视图

1. 控件的数据交换和数据校验

控件的数据交换是将控件和数据成员变量相连接,用于获得控件的当前值。图 5-12 给出本案例用到的需要进行数据交换的 5 个滑动条控件和 1 个静态文本控件,详细解释见表 5-1。

表 5-1　控件变量

ID	含　义	变量类别	变量类型	变 量 名
IDC_POINT	图形顶点数	Control	CStatic	m_point
IDC_SLIDER1	图形顶点数	Control	CSliderCtrl	m_degree
IDC_SLIDER2	水平位移	Control	CSliderCtrl	m_translateX
IDC_SLIDER3	垂直位移	Control	CSliderCtrl	m_translateY
IDC_SLIDER4	旋转角度	Control	CSliderCtrl	m_rotate
IDC_SLIDER5	缩放系数	Control	CSliderCtrl	m_scale

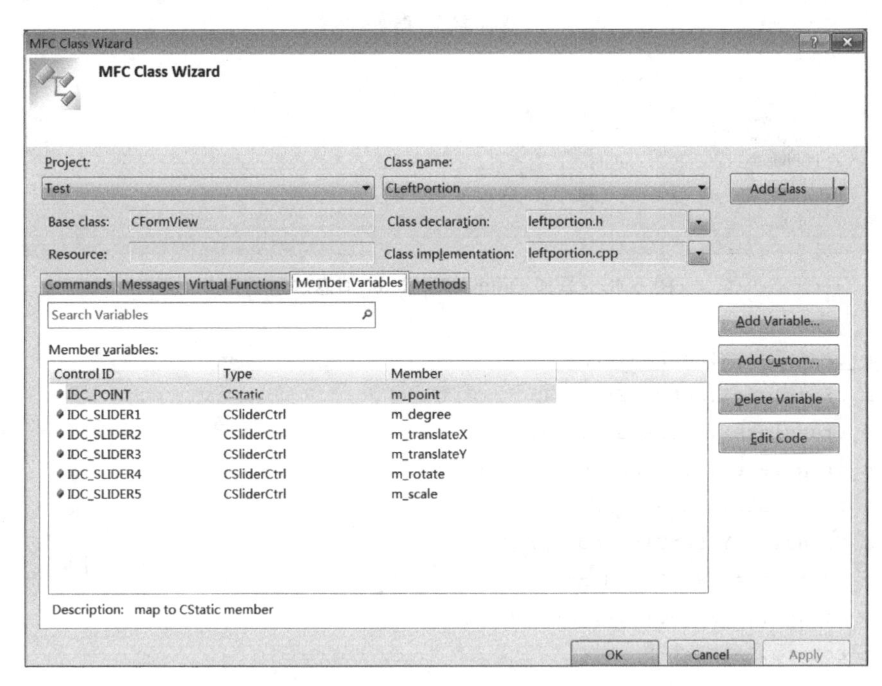

图 5-12　Member Variable 页面

2. 添加 OnInitialUpdate()消息映射函数

为了设置滑动条控件的初始值，需要在 CLeftPortion 类内添加 OnInitialUpdate()消息映射函数，如图 5-13 所示。代码如下：

```
void CLeftPortion::OnInitialUpdate()
{
    CFormView::OnInitialUpdate();

    // TODO: Add your specialized code here and/or call the base class
    //设置左窗格滑动条的范围及初始值
    m_degree.SetRange(1, 4, TRUE);
    m_degree.SetPos(3);
    m_translateX.SetRange(0, 10, TRUE);
```

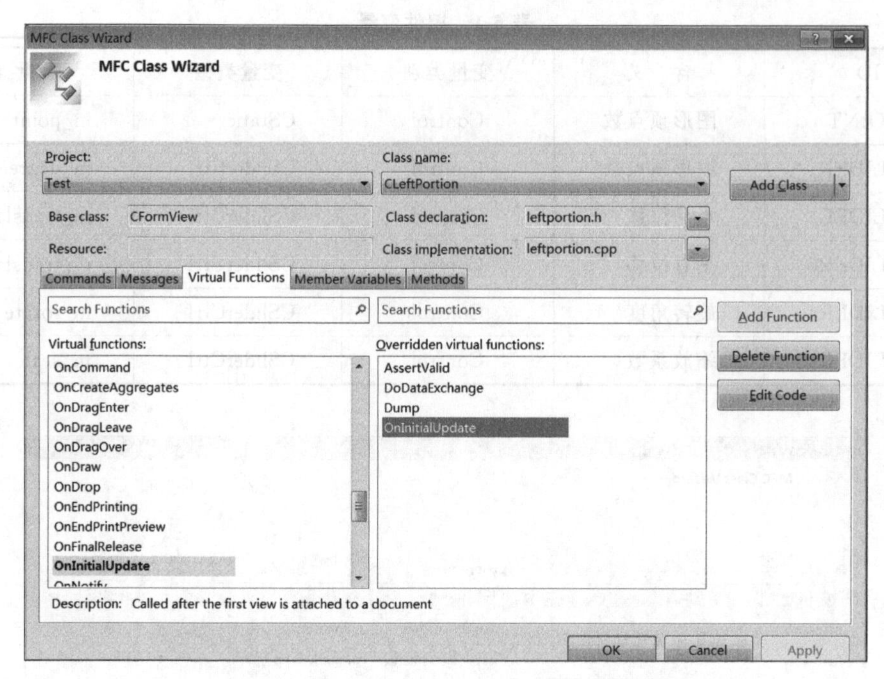

图 5-13　添加 OnInitialUpdate()消息映射函数

```
    m_translateX.SetPos(6);
    m_translateX.SetTicFreq(2);
    m_translateX.SetPageSize(2);
    m_translateY.SetRange(0, 10, TRUE);
    m_translateY.SetPos(2);
    m_translateY.SetTicFreq(2);
    m_translateY.SetPageSize(2);
    m_rotate.SetRange(-10, 10, TRUE);
    m_rotate.SetPos(5);
    m_rotate.SetTicFreq(5);
    m_rotate.SetPageSize(5);
    m_scale.SetRange(-2, 2, TRUE);
    m_scale.SetPos(0);
    CString str("");
    str.Format(_T("等分点个数: %d"), m_degree.GetPos() * 5);
    m_point.SetWindowText(str);
    UpdateData(FALSE);
}
```

滑动条控件的属性设置主要包括：设置滑动条范围的 SetRange()函数、设置滑动块位置的 SetPos()函数、设置刻度线位置的 SetTicFreq()函数和设置滑动条控件的页大小的 SetPageSize()函数。设置顶点数 m_degree 的范围为 1～4，当前位置为 3。设置水平平移变换 m_translateX 的范围为 0～10，当前位置为 6，刻度线频率为 2，也就是每两个增量显示 1 个刻度线。设置垂直平移变换 m_translateY 的范围为 0～10，当前位置为 2，刻度线频率为 2。设置旋转变换角度 m_rotate 的范围为－10～10，当前位置为 5，刻度线频率为 5。OnInitialUpdate()函数仅用于设置左窗格内控件的初始位置。

3. 添加 WM_HSCROLL()消息映射函数

为了判断用户操作了哪个滑动条，需要在 CLeftPortion 类中响应 WM_HSCROLL 消息，如图 5-14 所示。代码如下：

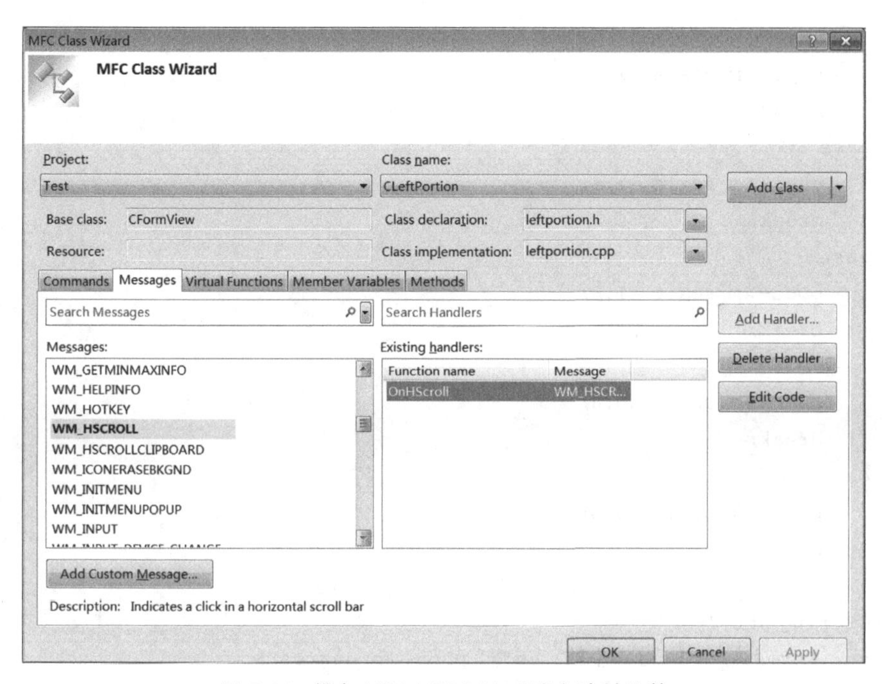

图 5-14　添加 WM_HSCROLL()消息映射函数

```
void CLeftPortion::OnHScroll(UINT nSBCode, UINT nPos, CScrollBar* pScrollBar)
{
    // TODO: Add your message handler code here and/or call default
    CTestDoc *pDoc=(CTestDoc*)CFormView::GetDocument();
    UpdateData();
    switch(m_degree.GetPos())
    {
    case 1:
        pDoc->m_degree =5;
        break;
    case 2:
        pDoc->m_degree =10;
        break;
    case 3:
        pDoc->m_degree =15;
        break;
    case 4:
        pDoc->m_degree =20;
        break;
```

```
    }
    pDoc->m_translateX =m_translateX.GetPos();
    pDoc->m_translateY =m_translateY.GetPos();
    pDoc->m_rotate =m_rotate.GetPos();
    switch(m_scale.GetPos())
    {
    case 2:
        pDoc->m_scale =1.4;
        break;
    case 1:
        pDoc->m_scale =1.2;
        break;
    case 0:
        pDoc->m_scale =1.0;
        break;
    case -1:
        pDoc->m_scale =0.8;
        break;
    case -2:
        pDoc->m_scale =0.6;
        break;
    }
    CString str("");
    str.Format(_T("等分点个数: %d"), pDoc->m_degree);
    m_point.SetWindowText(str);
    UpdateData(FALSE);
    CFormView::OnHScroll(nSBCode, nPos, pScrollBar);
}
```

程序说明：当拖动任一水平滑动条时，都执行 OnHScroll()函数。首先获取 CFormView 类的文档指针 pDoc，然后将控件的值转换为文档数据。UpdateData(TRUE)函数表示将控件中的内容输入给它的数据成员变量。m_degree 的滑动条范围为 1～4，分别代表图形顶点数 4、8、16 和 32，使用 Switch 语句转换。同样，m_scale 的滑动条范围为 −2～2，分别代表图形的比例系数为 1/3、1/2、1、2 和 3，使用 Switch 语句转换。三角形面片数是根据图形顶点数计算的，计算公式是 2^2、2^3、2^4 和 2^5。UpdateData(FALSE)函数表示将数据成员的值输入控件中，让滑动块移动到指定位置。

5.6.4 设计 CTestDoc 类

左、右两个视图之间的通信是通过 CTestDoc 类实现的。在 TestDoc.h 文件中做如下声明：

```
public:
    int       m_degree;         //图形顶点数
    double    m_translateX;     //x方向平移参数
```

```
    double    m_translateY;      // y方向平移参数
    double    m_rotate;          //旋转角度
    double    m_scale;           //比例系数
```

在 TestDoc.cpp 的构造函数中对上述参数进行初始化。对于文档/视图结构来说，右窗格内绘制的图形是从 CTestDoc 类内获取数据，所以构造函数的初始化数据要和 OnInitialUpdate()函数内的初始化数据一致，以保证左窗格内的滑动条的滑动块位置与右窗格内的图形初始运行状态吻合。m_degree＝8 说明图形的初始状态是 8 个顶点的多边形，多边形的每个顶点和图形中心点使用直线连接。m_translateX＝6 说明图形的水平位移量是 6。m_translateY＝2 说明图形的垂直位移量是 2。m_rotate＝5 说明图形逆时针方向旋转。m_scale＝1 说明图形既不放大，也不缩小。

```
CTestDoc::CTestDoc()
{
    // TODO: add one-time construction code here
    m_degree=8;
    m_translateX=6;
    m_translateY=2;
    m_rotate=5;
    m_scale=1;
}
```

5.6.5 设计包含齐次坐标的二维点类 CP2

本案例主要完成二维几何变换，修改 CP2 类的定义，增加了齐次坐标 w。

```
class CP2
{
public:
    CP2(void);
    CP2(double x, double y);
    virtual ～CP2(void);
public:
    double x;
    double y;
    double w;
};
```

5.6.6 设计二维几何变换类

为了将图形的几何变换表达为图形顶点集合矩阵与变换矩阵的乘积，引入齐次坐标 w，当 $w=1$ 时，称为规范化齐次坐标。定义规范化齐次坐标后，二维图形几何变换可以表达为某一变换矩阵与图形顶点集合的规范化齐次坐标矩阵相乘的形式。用规范化齐次坐标表示的二维变换矩阵是一个 3×3 方阵。

二维变换矩阵包括：

1）平移变换矩阵

$$M=\begin{bmatrix}1 & 0 & T_x\\0 & 1 & T_y\\0 & 0 & 1\end{bmatrix}$$

式中，T_x、T_y为平移参数。

2）比例变换矩阵

$$M=\begin{bmatrix}S_x & 0 & 0\\0 & S_y & 0\\0 & 0 & 1\end{bmatrix}$$

式中，S_x、S_y为比例系数。

3）旋转变换矩阵

$$M=\begin{bmatrix}\cos\beta & -\sin\beta & 0\\\sin\beta & \cos\beta & 0\\0 & 0 & 1\end{bmatrix}$$

式中，β为逆时针旋转角。

4）反射变换矩阵

相对于原点的反射变换矩阵

$$M=\begin{bmatrix}-1 & 0 & 0\\0 & -1 & 0\\0 & 0 & 1\end{bmatrix}$$

相对于 x 轴的反射变换矩阵

$$M=\begin{bmatrix}1 & 0 & 0\\0 & -1 & 0\\0 & 0 & 1\end{bmatrix}$$

相对于 y 轴的反射变换矩阵

$$M=\begin{bmatrix}-1 & 0 & 0\\0 & 1 & 0\\0 & 0 & 1\end{bmatrix}$$

5）错切变换矩阵

$$M=\begin{bmatrix}1 & b & 0\\c & 1 & 0\\0 & 0 & 1\end{bmatrix}$$

式中，c、b为错切参数。

6）复合变换矩阵

复合旋转变换矩阵

$$M=\begin{bmatrix}1 & 0 & T_x\\0 & 1 & T_y\\0 & 0 & 1\end{bmatrix}\begin{bmatrix}\cos\beta & -\sin\beta & 0\\\sin\beta & \cos\beta & 0\\0 & 0 & 1\end{bmatrix}\begin{bmatrix}1 & 0 & -T_x\\0 & 1 & -T_y\\0 & 0 & 1\end{bmatrix}$$

复合比例转变换矩阵

$$M=\begin{bmatrix}1 & 0 & T_x\\0 & 1 & T_y\\0 & 0 & 1\end{bmatrix}\begin{bmatrix}S_x & 0 & 0\\0 & S_y & 0\\0 & 0 & 1\end{bmatrix}\begin{bmatrix}1 & 0 & -T_x\\0 & 1 & -T_y\\0 & 0 & 1\end{bmatrix}$$

定义 CTransform2 类实现二维变换，包括平移变换、比例变换、相对于任意参考点的比例变换、旋转变换、相对于任意参考点的旋转变换矩阵、反射变换矩阵和错切变换矩阵。

```
#include "P2.h"
class CTransform2
{
public:
    CTransform2(void);
    virtual ~CTransform2(void);
    void SetMatrix(CP2* P, int ptNumber);
    void Translate(double tx, double ty);                //平移变换
    void Scale(double sx, double sy);                    //比例变换
    void Scale(double sx, double sy, CP2 p);             //相对于任意参考点的比例变换
    void Rotate(double beta);                            //旋转变换
    void Rotate(double beta, CP2 p);                     //相对于任意参考点的旋转变换
    void ReflectOrg(void);                               //原点反射变换
    void ReflectX(void);                                 //X 轴反射变换
    void ReflectY(void);                                 //Y 轴反射变换
    void Shear(double b, double c);                      //错切变换
    void MultiplyMatrix(void);                           //矩阵相乘
private:
    double M[3][3];                                      //变换矩阵
    CP2* P;                                              //顶点数组
    int ptNumber;                                        //顶点个数
};
CTransform2::CTransform2(void)
{
}
CTransform2::~CTransform2(void)
{
}
void CTransform2::SetMatrix(CP2* P,int ptNumber)
{
    this->P =P;
    this->ptNumber =ptNumber;
}
void CTransform2::Identity(void)                         //单位矩阵
{
    M[0][0] =1.0;M[0][1] =0.0;M[0][2] =0.0;
    M[1][0] =0.0;M[1][1] =1.0;M[1][2] =0.0;
    M[2][0] =0.0;M[2][1] =0.0;M[2][2] =1.0;
}
```

```
void CTransform2::Translate(double tx, double ty)        //平移变换矩阵
{
    Identity();
    M[0][2] =tx;
    M[1][2] =ty;
    MultiplyMatrix();
}
void CTransform2::Scale(double sx, double sy)            //比例变换矩阵
{
    Identity();
    M[0][0] =sx;
    M[1][1] =sy;
    MultiplyMatrix();
}
void CTransform2::Scale(double sx,double sy,CP2 p)     //相对于任意点的整体比例变换矩阵
{
    Translate(-p.x, -p.y);
    Scale(sx, sy);
    Translate(p.x, p.y);
}
void CTransform2::Rotate(double beta)                    //旋转变换矩阵
{
    Identity();
    M[0][0] =cos(beta * PI/180); M[0][1] =-sin(beta * PI/180);
    M[1][0] =sin(beta * PI/180); M[1][1] =cos(beta * PI/180);
    MultiplyMatrix();
}
void CTransform2::Rotate(double beta,CP2 p)              //相对于任意点的旋转变换矩阵
{
    Translate(-p.x,-p.y);
    Rotate(beta);
    Translate(p.x,p.y);
}
void CTransform2::ReflectOrg(void)                       //原点反射变换矩阵
{
    Identity();
    M[0][0] =-1;
    M[1][1] =-1;
    MultiplyMatrix();
}
void CTransform2::ReflectX(void)                         //X轴反射变换矩阵
{
    Identity();
    M[0][0] =1;
    M[1][1] =-1;
```

```
    MultiplyMatrix();
}
void CTransform2::ReflectY()                          //Y轴反射变换矩阵
{
    Identity();
    M[0][0]=-1;
    M[1][1]=1;
    MultiplyMatrix();
}
void CTransform2::Shear(double b,double c)            //错切变换矩阵
{
    Identity();
    M[0][1]=b;
    M[1][0]=c;
    MultiplyMatrix();
}
void CTransform2::MultiplyMatrix(void)                //矩阵相乘
{
    CP2 * PTemp =new CP2[ptNumber];
    for(int i =0;i <ptNumber;i++)
        PTemp[i] =P[i];
    for(int i =0;i <ptNumber;i++)
    {
        P[i].x =M[0][0] * PTemp[i].x +M[0][1] * PTemp[i].y +M[0][2] * PTemp[i].w;
        P[i].y =M[1][0] * PTemp[i].x +M[1][1] * PTemp[i].y +M[1][2] * PTemp[i].w;
        P[i].w =M[2][0] * PTemp[i].x +M[2][1] * PTemp[i].y +M[2][2] * PTemp[i].w;
    }
    delete []PTemp;
}
```

5.6.7 设计双缓冲

双缓冲技术可以消除动画过程中的屏幕闪烁。双缓冲技术是先在 memDC 中绘图，然后用 BitBlt()函数将图形复制到 pDC，就消除了屏幕闪烁。本函数中的 ReadPoint()是计算图形顶点坐标函数，由于放在双缓冲函数中，每次图形在移动前，都重新计算了顶点坐标值。比例变换和旋转变换均采用相对于任意参考点的变换。

```
void CTestView::DoubleBuffer()                          //双缓冲
{
    CDC * pDC=GetDC();
    CRect rect;                                         //定义客户区
    GetClientRect(&rect);                               //获得客户区的大小
    pDC->SetMapMode(MM_ANISOTROPIC);                    //pDC 自定义坐标系
    pDC->SetWindowExt(rect.Width(),rect.Height());      //设置窗口范围
    pDC->SetViewportExt(rect.Width(),-rect.Height());   //X轴水平向右,Y轴垂直向上
```

```
    pDC->SetViewportOrg(rect.Width()/2,rect.Height()/2); //屏幕中心为原点
    CDC memDC;                                            //内存 DC
    CBitmap NewBitmap, * pOldBitmap;                      //内存中承载图像的临时位图
    memDC.CreateCompatibleDC(pDC);                    //建立与屏幕 pDC 兼容的 memDC
    NewBitmap.CreateCompatibleBitmap(pDC,rect.Width(),rect.Height());
                                                                      //创建兼容位图
    pOldBitmap=MemDC.SelectObject(&NewBitmap);            //将兼容位图选入 memDC
    memDC.SetMapMode(MM_ANISOTROPIC);                     //MemDC 自定义坐标系
    memDC.SetWindowExt(rect.Width(),rect.Height());
    memDC.SetViewportExt(rect.Width(),-rect.Height());
    memDC.SetViewportOrg(rect.Width()/2,rect.Height()/2);
    ReadPoint();                                          //计算图形顶点坐标
    tran.Translate(translateX,translateY);                //平移变换
    tran.Rotate(rotate,CP2(translateX,translateY));       //相对于任意点的旋转变换
    tran.Scale(scale,scale,CP2(translateX,translateY));   //相对于任意点的比例变换
    DrawObject(&memDC);
    BorderCheck();
    pDC->BitBlt(-rect.Width()/2,-rect.Height()/2,rect.Width(),rect.Height(),
    &memDC,-rect.Width()/2,-rect.Height()/2,SRCCOPY);     //将内存位图拷贝到屏幕
    memDC.SelectObject(pOldBitmap);                       //恢复位图
    NewBitmap.DeleteObject();                             //删除位图
    memDC.DeleteDC();                                     //删除 memDC
    ReleaseDC(pDC);                                       //释放 DC
    if (P!=NULL)
    {
        delete []P;
        P=NULL;
    }
}
```

5.6.8 读入图形顶点

根据图形顶点个数,先计算圆上各点的等分角 θ,然后计算每个顶点的坐标值,最后计算图形中心点的坐标值。齐次坐标的 w 值在 CP2 类的默认构造函数内已经有初始值,不需要再次给出。

```
void CTestView::ReadPoint()
{
    double Dtheta =2 * PI / degree;
    P =new CP2[degree+1];
    for(int i =0;i <degree;i++)
    {
        P[i].x =R * cos(i * Dtheta);
        P[i].y =R * sin(i * Dtheta);
    }
```

```
    P[degree].x =0;P[degree].y =0;                                //图形中心点
    tran.SetMat(P, degree +1);
}
```

5.6.9 绘制图形

定义 CDiamond 类绘制金刚石图案。

```
class Cdiamond                                                    //金刚石类
{
public:
    CDiamond(void);
    virtual ～CDiamond(void);
    void Draw(CDC * pDC, CP2 * p, int degree);                    //绘图
};
CDiamond::CDiamond(void)
{
}
CDiamond::～CDiamond(void)
{
}
void CDiamond::Draw(CDC * pDC, CP2 * p, int degree)
{
    CP2 * P =p;
    for(int i =0; i <degree; i++)
        P[i] =p[i];
    CLine * pLine =new CLine;
    for(int i =0; i <=degree -2; i++)
    {
        for(int j =i +1; j <=degree -1; j++)
        {
            pLine->MoveTo(pDC, Round(P[i].x), Round(P[i].y));
            pLine->LineTo(pDC, Round(P[j].x), Round(P[j].y));
        }
    }
    delete pLine;
}
```

5.6.10 碰撞检测

图形在右窗格内按照左窗格内滑动条控件的设置值运动,碰到客户区边界时运动方向取反。这里采用近似方法,将金刚石图案考虑为圆进行碰撞检测。

```
void CTestView::BorderCheck()                                     //边界检测
{
```

```
    double TempR =R * scale;
    CRect rect;                                                   //定义客户区
    GetClientRect(&rect);                                         //获得客户区的大小
    int nWidth =rect.Width() / 2;
    int nHeight =rect.Height() / 2;
    if(fabs(P[degree].x) +TempR >nWidth)                          //判断球体水平越界
    {
        directionX *=-1;
        translateX+=fabs(fabs(P[degree].x)+TempR-nWidth) * directionX;
    }
    if(fabs(P[degree].y) +TempR>nHeight)                          //判断球体垂直越界
    {
        directionY *=-1;
        translateY+=fabs(fabs(P[degree].y)+TempR-nHeight) * directionY;
    }
}
```

程序说明：当图形未和边界发生碰撞前，directionX 和 directionY 参数取值为+1；当图形和边界发生碰撞后，directionX 和 directionY 参数取值为−1，即

1）当图形未和边界发生碰撞前

```
translateX =translateX +pDoc->m_translateX;
translate =translateY +pDoc->m_translateY;
```

2）当图形和边界发生碰撞后

```
translateX =translateX -pDoc->m_translateX;
translateY =translateY -pDoc->m_translateY;
```

这样就可以控制图形在右窗格客户区内的碰撞运动了。

5.6.11 定时器函数

定时器函数 OnTimer()是 WM_TIMER 消息映射函数。该函数由 OnDraw() 函数中的 SetTimer(1,50,NULL)语句调用。程序一启动，就自动执行。首先获得文档类内的初始化数据，然后调用双缓冲函数进行图形的绘制。

```
void CTestView::OnDraw(CDC * pDC)
{
    CTestDoc * pDoc=GetDocument();
    ASSERT_VALID(pDoc);
    // TODO: add draw code for native data here
    SetTimer(1,50,NULL);                                          //设置定时器
}
void CTestView::OnTimer(UINT nIDEvent)
{
    // TODO: Add your message handler code here and/or call default
```

```
    CTestDoc* pDoc=GetDocument();
    if(((CMainFrame*)AfxGetMainWnd())->bPlay)
    {
        degree=pDoc->m_degree;
        translateX+=pDoc->m_translateX*directionX;
        translateY+=pDoc->m_translateY*directionY;
        rotate+=pDoc->m_rotate;
        scale=pDoc->m_scale;
        DoubleBuffer();
    }
    CView::OnTimer(nIDEvent);
}
```

程序说明：由于双缓冲函数中每次都调用 ReadPoint()函数，所以 translateX、translateY 和 rotate 参数都计算累加值，才能使得图形平移和旋转。函数中，directionX 和 directionY 参数控制图形平移方向，取值为±1。

5.6.12 程序总结

二维变换使图形运动起来。本案例通过左窗格内对几何变换条件的设置，控制右窗格中金刚石图案的碰撞运动。这充分说明二维图形的任何复杂运动都可以分解为平移、比例、旋转、反射、错切这 5 种变换的组合。对于旋转和比例变换，本案例设置为相对于金刚石图案中心的复合变换。

为了方便上课讲解，教师也可以将此例再做简化，去掉静态切分视图也就是去掉控制面板，直接绘制金刚石图案在客户区内边运动边碰撞的效果，如图 5-15 所示。

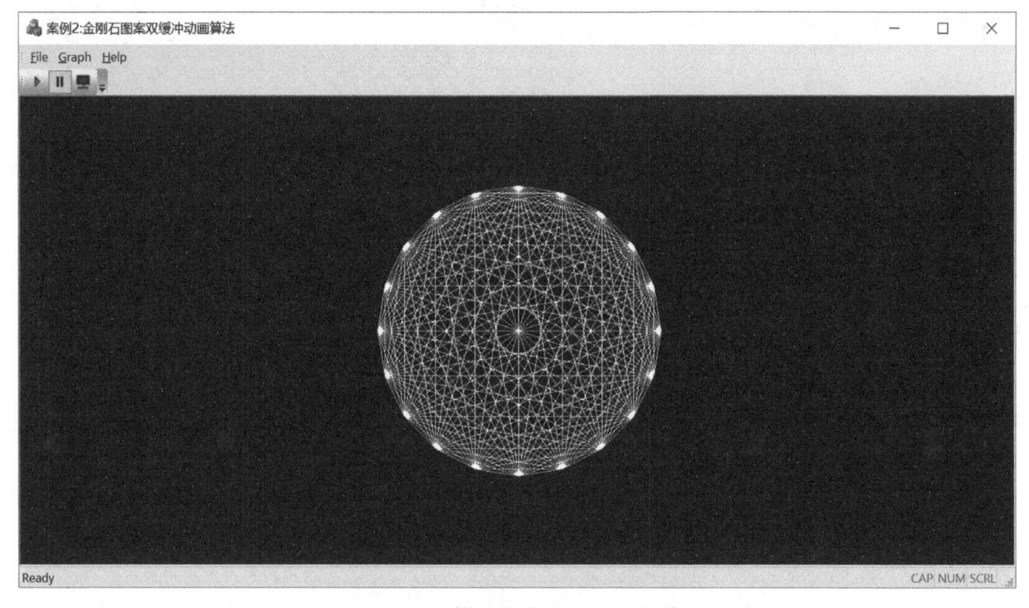

图 5-15　简化版的二维几何变换

5.7 课外作业

请课后完成第 1、3、5、6、8 题。习题解答参见《计算机图形学基础教程(Visual C++版)》(第 3 版)。在完成习题的情况下,可以继续学习《计算机图形学基础教程(Visual C++版)》(第 3 版)的习题拓展部分,并完成第 1、3 题。

第 6 章　三维变换与投影

进入第 6 章就进入了三维计算机图形学的三维世界，教学内容主要是物体的三维几何变换与投影变换。之所以称为投影变换，是因为投影使用的也是 4×4 齐次坐标矩阵，这样投影矩阵就能像变换矩阵一样参与矩阵乘法运算。三维物体建模时使用的三维点是用从二维点类 CP2 派生出的 CP3 类定义的。物体上的三维点在屏幕上绘制时又需要再次降维为二维点。本章首先介绍三维几何变换，然后介绍平行投影、斜投影和透视投影。正交投影是最简单的投影，仅取三维顶点的两个坐标就可以绘制为二维点。透视投影是真实感图形绘制所需的投影变换，这是一种三维空间上的非线性变换，可看作仿射变换的更一般的形式。透视投影先讲解从世界坐标系向观察坐标系的变换，从视点角度描述物体；然后讲解从观察坐标系向屏幕坐标系的变换。物体向二维屏幕坐标系的投影丢失了深度坐标，无法区别深度的先后顺序，为此需要考虑在三维屏幕坐标系中建立伪深度坐标。

6.1　知识点

(1) 三维几何变换：指三维物体的平移、比例、旋转、反射和错切变换。

(2) 三维变换矩阵：是一个 4×4 方阵，左上角的 3×3 阶子矩阵，对物体进行比例、旋转、反射和错切变换；右上角的 3×1 阶子矩阵，对物体进行平移变换；左下角的 1×3 阶子矩阵，对物体进行投影变换；右下角的 1×1 阶子矩阵，对物体进行整体比例变换。

(3) 三维基本变换：是相对于坐标原点或坐标轴进行的几何变换，包括平移、比例、旋转、反射和错切 5 种变换。

(4) 三维复合变换：是指对图形做一次以上的基本变换，总变换矩阵是每步变换矩阵相乘的结果。重点是相对于任意方向的三维变换。

(5) 四元数：是一个有序对，由一个标量部和一个三维矢量部组成。

(6) 点变换与坐标系变换：同一种变换既可以看作点变换，也可以看作坐标系变换。点变换是物体顶点位置发生改变，但坐标系位置固定不动。坐标系变换是建立新坐标系，描述旧坐标系内的顶点，坐标系位置发生改变，但物体顶点位置固定不动。

(7) 正交投影：当投影中心到投影面的距离为无穷大，投影称为平行投影。

(8) 斜投影：投影线与投影面倾斜时，生成的二维投影为斜投影。

(9) 透视投影：当投影中心到投影面的距离为有限值时，得到的投影称为透视投影。投影中心可以是眼睛、照相机镜头或者摄像机镜头。

(10) 三视图：是观测者从正面、上面、左面 3 个不同角度观察同一个三维几何体画出的主视图、俯视图和侧视图。三视图能够正确反映物体的长、宽、高三维尺寸。

(11) 灭点：是无限远点在屏幕上的投影，分为一点透视图、二点透视图、三点透视图。

(12) 视景体：对于透视投影，场景中的所有投影均位于以视点为顶点、以连接视点与屏幕四角点为棱边的没有底面的正四棱锥内，称为视景体。

(13) 远近剪切面：当屏幕离视点太近或太远时，物体因变得太大或太小而不可识别，这个剪切面称为近剪切面或远剪切面。

(14) 伪深度：三维物体在三维屏幕坐标系中的深度坐标(即透视深度)也被称为伪深度。

6.2 教学时数

本章理论教学时数为6学时，实验时数为2学时。详细讲解内容为：三维变换矩阵、三视图、透视投影等。粗略讲解内容为：斜投影和三维屏幕坐标系等。

实验题目：立方体线框模型透视投影。要求建立立方体类，绘制立方体的线框模型的透视投影。定义三维变换类旋转立方体。

6.3 教学目标

1. 了解三维变换矩阵

同二维变换类似，三维变换同样引入了齐次坐标技术，在四维空间内进行讨论。三维变换是仿射变换，包括平移、比例、旋转、反射和错切变换。三维变换可表示为某一变换矩阵与物体顶点集合的齐次坐标矩阵相乘的形式。三维变换矩阵是一个 4×4 方阵。掌握了三维变换矩阵，就可以让三维物体运动起来。这里需要强调学生应该复习矩阵部分的内容，学会使用C++编写 4×4 矩阵的乘法。

2. 了解四元数

绕任意轴的旋转除了可以用矩阵表示外，还可以用四元数乘法表示，二者都给出了相同的结果。四元数是带有一个实部和3个虚部的复数，实部是标量，3个虚部构成一个矢量。四元数主要用于绕过原点的任意轴旋转，为处理旋转变换提供了另一种更有效的方法。

3. 实现正交投影算法

绘制三维物体投影最简单的方法是正交投影。正交投影假定投影中心到投影面的距离为无穷远。由于屏幕坐标是二维坐标 (x,y)，因此只要简单地取物体的每个三维顶点坐标 $P(x,y,z)$ 的 x 分量和 y 分量，用直线连接各个二维点，就可以绘制出物体在 xOy 面内的正交投影。正交投影的一个主要用途是绘制机械制图中的三视图。

4. 了解斜投影算法

将三维物体向投影面内做平行投影，但投影方向不垂直于投影面得到的投影称为斜投影。与正投影相比，斜投影的立体感强。斜投影也具有部分类似正投影的可测量性，平行于投影面的物体表面的长度和角度投影后保持不变。计算机图形学中三维物体(如立方体)常采用斜二测图表示。斜投影与地面的夹角有45°与30°两种。教材中使用的是前者，作业中使用了后者。

5. 实现透视投影算法

与平行投影相比，透视投影的特点是所有投影线都从视点发出，离视点近的物体投影大，离视点远的物体投影小，小到极点就会消失。生活中，用照相机拍摄的照片、画家的写生画都是透视投影的例子。透视投影模拟了人眼观察物体的过程，具有透视缩小效应，符合视觉习惯。真实感图形绘制中使用的就是透视投影。根据是否包含伪深度，透视投影分为二维透视投影和三维透视投影两种形式。

6. 了解灭点图

根据灭点数量的不同，透视投影图分为一点透视、二点透视和三点透视。一点透视有一个主灭点，即屏幕仅与一个坐标轴正交，与另外两个坐标轴平行；二点透视有两个主灭点，即屏幕仅与两个坐标轴相交，与另一个坐标轴平行；三点透视有三个主灭点，即屏幕与三个坐标轴都相交。

6.4 重点难点

教学重点：三维变换矩阵、三维复合变换、三视图、斜投影、透视投影。教学难点：四元数、透视除法、三点透视图、透视投影的深度坐标。

6.4.1 教学重点

1. 基本几何变换矩阵

三维基本几何变换分为平移、比例、旋转、反射和错切。物体的顶点矩阵是用列矩阵表示的。

1）平移变换矩阵

$$\boldsymbol{M}=\begin{bmatrix}1 & 0 & 0 & T_x\\0 & 1 & 0 & T_y\\0 & 0 & 1 & T_z\\0 & 0 & 0 & 1\end{bmatrix}$$

2）比例变换矩阵

$$\boldsymbol{M}=\begin{bmatrix}S_x & 0 & 0 & 0\\0 & S_y & 0 & 0\\0 & 0 & S_z & 0\\0 & 0 & 0 & 1\end{bmatrix}$$

3）绕 x 轴的逆时针旋转变换矩阵

$$\boldsymbol{M}=\begin{bmatrix}1 & 0 & 0 & 0\\0 & \cos\beta & -\sin\beta & 0\\0 & \sin\beta & \cos\beta & 0\\0 & 0 & 0 & 1\end{bmatrix}$$

4）绕 y 轴的逆时针旋转变换矩阵

$$\boldsymbol{M}=\begin{bmatrix}\cos\beta & 0 & \sin\beta & 0\\0 & 1 & 0 & 0\\-\sin\beta & 0 & \cos\beta & 0\\0 & 0 & 0 & 1\end{bmatrix}$$

5）绕 z 轴的逆时针旋转变换矩阵

$$\boldsymbol{M}=\begin{bmatrix}\cos\beta & -\sin\beta & 0 & 0\\ \sin\beta & \cos\beta & 0 & 0\\ 0 & 0 & 1 & 0\\ 0 & 0 & 0 & 1\end{bmatrix}$$

6）关于 xOy 面的反射变换矩阵

$$\boldsymbol{M}=\begin{bmatrix}1 & 0 & 0 & 0\\ 0 & 1 & 0 & 0\\ 0 & 0 & -1 & 0\\ 0 & 0 & 0 & 1\end{bmatrix}$$

7）关于 yOz 面的反射变换矩阵

$$\boldsymbol{M}=\begin{bmatrix}-1 & 0 & 0 & 0\\ 0 & 1 & 0 & 0\\ 0 & 0 & 1 & 0\\ 0 & 0 & 0 & 1\end{bmatrix}$$

8）关于 xOz 面的反射变换矩阵

$$\boldsymbol{M}=\begin{bmatrix}1 & 0 & 0 & 0\\ 0 & -1 & 0 & 0\\ 0 & 0 & 1 & 0\\ 0 & 0 & 0 & 1\end{bmatrix}$$

9）错切变换矩阵

$$\boldsymbol{M}=\begin{bmatrix}1 & b & c & 0\\ d & 1 & f & 0\\ g & h & 1 & 0\\ 0 & 0 & 0 & 1\end{bmatrix}$$

2. 三维复合变换

1）相对于任一参考点的三维变换

在三维基本变换中，旋转变换和比例变换是与参考点相关的。相对于任一参考点的比例变换和旋转变换应表达为复合变换形式。变换方法是：首先将参考点平移到坐标系原点，相对于坐标系原点作比例变换或旋转变换，然后再进行反平移，将参考点平移回原位置。

2）相对于任意方向的三维变换

相对于任意方向的变换方法是：首先对任意方向做旋转变换，使变换方向与某个坐标轴重合，然后对该坐标轴进行三维基本变换，最后做反向旋转变换，将任意方向还原到原来的方向。三维变换中需要进行两次旋转变换，才能使任意方向与某个坐标轴重合。一般做法是：先将任意方向旋转到某个坐标平面内，然后再旋转到与该坐标平面内的某个坐标轴重合。

主教材中将这 5 种基本变换以及复合变换编写为 CTransform3 类。将变换矩阵乘以图形顶点齐次坐标矩阵，就可以得到变换后的图形顶点的齐次坐标矩阵。擦除用变换前顶点坐标绘制的图形，绘制变换后顶点的图形，加上双缓冲技术，就可以实现绘制三维图形的动画了。

3. 三视图

三视图是主视图、俯视图和侧视图的总称。将正面标记为 $V(zOy)$、水平面标记为 $H(zOx)$、侧面标记为 $W(xOy)$。

1）将物体向 zOy 面做正投影，得到主视图。变换矩阵为

$$\boldsymbol{M}_V=\begin{bmatrix}0&0&0&0\\0&1&0&0\\0&0&1&0\\0&0&0&1\end{bmatrix}$$

2）将物体向 zOx 面做正投影，然后将 zOx 面绕 z 轴顺时针旋转 90°得到俯视图。变换矩阵为

$$\boldsymbol{M}_H=\begin{bmatrix}0&0&0&0\\-1&0&0&0\\0&0&1&0\\0&0&0&1\end{bmatrix}$$

3）将物体向 xOy 面做正投影，然后将 xOy 面绕 y 轴逆时针旋转 90°得到侧视图。变换矩阵为

$$\boldsymbol{M}_W=\begin{bmatrix}0&0&0&0\\0&1&0&0\\-1&0&0&0\\0&0&0&1\end{bmatrix}$$

绘制三视图的时候需要考虑是否通过平移矩阵分离。

4. 斜投影

将三维物体向投影面内做平行投影，但投影方向不垂直于投影面得到的投影称为斜投影。与正投影相比，斜投影的立体感强。斜投影也具有部分类似正投影的可测量性，平行于投影面的物体表面的长度和角度投影后保持不变。

斜投影矩阵为

$$\boldsymbol{M}_o=\begin{bmatrix}1&0&-\cot\alpha\cos\beta&0\\0&1&-\cot\alpha\sin\beta&0\\0&0&0&0\\0&0&0&1\end{bmatrix}$$

取 $\beta=45°$，当 $\cot\alpha=1$ 时，得到的斜投影是斜等测。当 $\cot\alpha=1/2$ 时，得到的斜投影是斜二测。

5. 透视投影

透视投影的特点是：所有投影线都从投影中心发出，离投影中心近的物体投影大，离投影中心远的物体投影小，小到极点就会消失，消失点称为灭点。生活中，照相机拍摄的照片、摄像机拍摄的视频都是透视投影的例子。透视投影模拟了人眼观察物体的过程，具有透视

缩小效应，符合视觉习惯，在真实感图形绘制中得到了广泛应用。

教材中，透视投影的讲解包含两部分内容：一部分是视点的旋转；另一部分是透视投影。通过坐标系变换，将世界坐标系中描述的物体用观察坐标系进行描述。观察坐标系的原点是视点。透视投影可以从针孔相机投影理解。图 6-1 中，三维坐标系原点 O 为投影中心，屏幕位于 $z=-d$。

由相似三角形得到

$$-\frac{y'}{d}=-\frac{y}{z},\quad -\frac{x'}{d}=-\frac{x}{z}$$

针孔颠倒了图像，P 与 P' 的符号相反。

$y'=-d\,\frac{y}{z}$，$x'=-d\,\frac{x}{z}$，所有投影点的 z 值都是相同的，都为 $-d$。因此，点 P 通过原点向平面 $z=-d$ 投影的结果为

$$\begin{bmatrix} x \\ y \\ z \end{bmatrix}=\begin{bmatrix} x' \\ y' \\ z' \end{bmatrix}=\begin{bmatrix} -d\,\frac{x}{z} \\ -d\,\frac{y}{z} \\ -d \end{bmatrix}$$

实际应用中，符号带来不必要的复杂性，将投影面移到投影面的前面，即 $z=d$，如图 6-2 所示。点 P 通过原点向平面 $z=d$ 投影的结果为

$$\begin{bmatrix} x \\ y \\ z \end{bmatrix}=\begin{bmatrix} x' \\ y' \\ z' \end{bmatrix}=\begin{bmatrix} d\,\frac{x}{z} \\ d\,\frac{y}{z} \\ d \end{bmatrix}$$

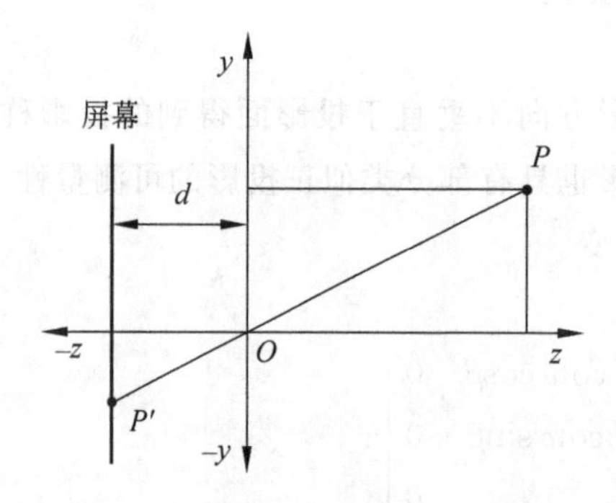

图 6-1　投影平面在投影中心后面

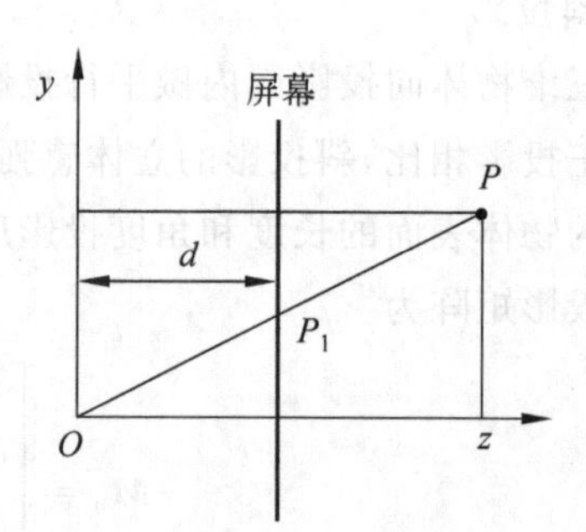

图 6-2　投影平面在投影中心前面

6.4.2　教学难点

1. 四元数

四元数是计算机图形学的一个重要概念。四元数是一个有序对，由标量部分 s 和矢量部分 v 组成。矢量部分由 3 个坐标轴分量组成，所以称为四元数。

$$q=(s,v)$$

绕过原点的任意轴都可以通过建立下面的四元数来旋转。

$$q=\left(\cos\frac{\theta}{2},n\sin\frac{\theta}{2}\right),\quad q^{-1}=\left(\cos\frac{\theta}{2},-n\sin\frac{\theta}{2}\right)$$

其中，$\boldsymbol{n}$ 为所选旋转轴的单位矢量。

对于任意点 P，可以用四元数符号表示为

$$P=(0,p)$$

这里，$\boldsymbol{p}=(x,y,z)$。

$$P'=qP'q^{-1}$$

这里，$P'=(0,p')$

2. 透视除法

透视投影矩阵用 4×4 的矩阵齐次坐标表示。当 $w\neq0$，从四维变三维时，$x_s=\frac{x_w}{w}$，$y_s=\frac{y_w}{w}$。通过矩阵相乘，得到点的 x_s 和 y_s 坐标后要用点的 w 坐标除，才能绘制正确的透视图。

3. 三点透视图

通过设置球面坐标系的 ϕ 和 ψ 可以获得三点透视图。三点透视图是屏幕与 3 个坐标轴都相交时的透视投影图。当 $\varphi\neq0°$、$90°$、$180°$；且 $\psi\neq0°$、$90°$、$180°$、$270°$时，屏幕与 x 轴、y 轴和 z 轴都相交，得到三点透视图。例如，$\varphi=45°$、$\psi=45°$是一个三点透视图，如图 6-3 所示。

4. 透视投影的深度坐标

虽然屏幕坐标系是二维坐标系，但是为了区分位于同一条投影线上的物体上点的先后顺序，需要考虑透视投影的深度坐标，也称为“伪深度”。

伪深度 z_s 一般有两种计算公式：

$$z_s=(z_v-d)\frac{d}{z_v}\quad 和 \quad z_s=Far\frac{1-Near/z_v}{Far-Near}$$

后者使用了远近剪切面 Near 和 Far 的概念。对于透视投影，场景中的所有投影均位于以视点为顶点，连接视点与屏幕四角点为棱边的没有底面的正四棱锥内。当屏幕离视点太近或太远时，物体因变得太大或太小而不可识别。在观察坐标系内定义视域四棱锥的 z_v 向近剪切面和远剪切面分别为 Near 和 Far，经 z_v 向裁剪后的视域正四棱锥转化为正四棱台，也称为观察空间或视景体，如图 6-4 所示。

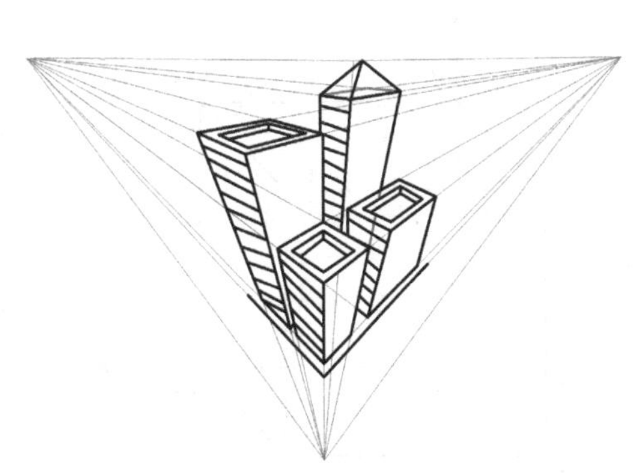

图 6-3　三点透视图

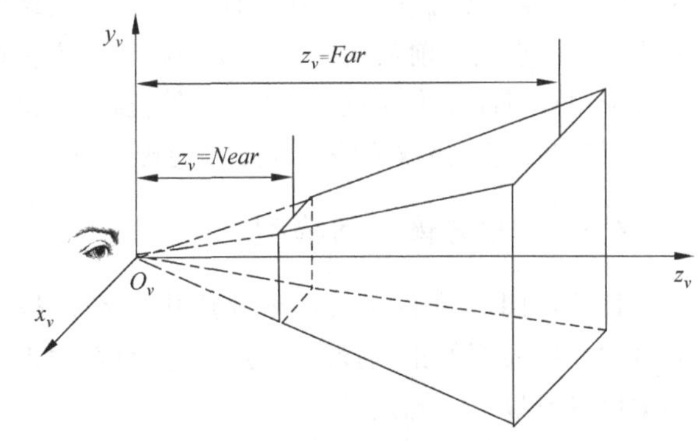

图 6-4　透视投影的观察空间

6.5 教学案例建议

三维变换使三维物体运动起来。教学案例建议以讲解三维变换类 CTransform3 为主。本章教学案例建议如下。

基于正二十面体模型生成递归球体。该球体一边绕 z 轴逆时针方向旋转，一边在窗口客户区内定义的 xOy 平面内移动。碰撞客户区边界后，球体改变运动方向。试制作递归球体运动的动画，效果如图 6-5 所示。

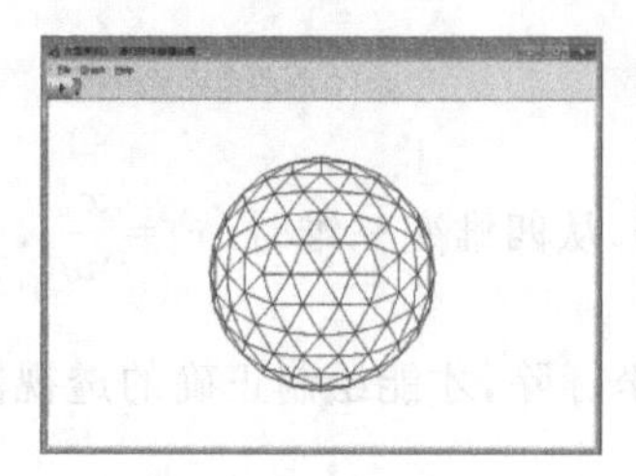
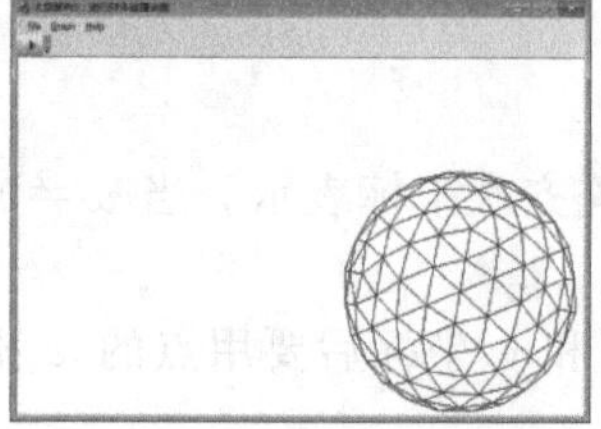
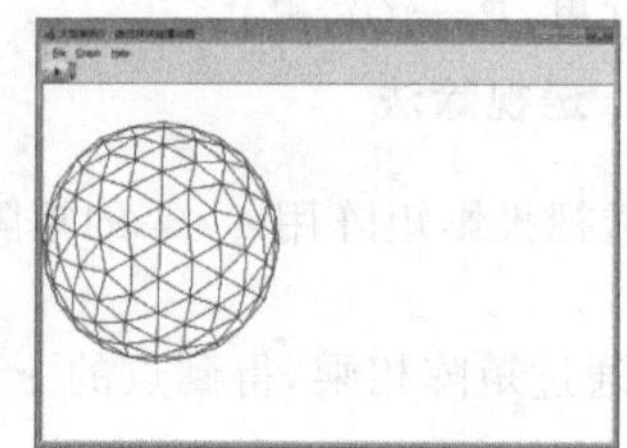

图 6-5 球体三维动画

6.6 教学程序

在窗口客户区中心绘制立方体的二维正交投影线框图，使用工具栏的“动画”图标按钮或键盘上的方向键旋转立方体。

6.6.1 程序分析

本程序主要是展示三维建模技术以及三维变换技术。立方体是计算机图形学中最常用的多面体之一。立方体的线框模型、光照模型、纹理贴图都是最常见的实体模型。游戏中的天空盒也是立方体模型。本案例中定义世界三维右手坐标系，原点位于客户区中心，x 轴水平向右为正，y 轴垂直向上为正，z 轴指向观察者。定义屏幕二维坐标系，原点位于客户区中心，x 轴水平向右为正，y 轴垂直向上为正。建立三维建模坐标系 $Oxyz$，原点 O 位于立方体的一个角点中心，x 轴水平向右，y 轴垂直向上，z 轴指向读者。立方体的旋转使用 CTransform3 类对象，通过三维变换矩阵计算立方体线框模型围绕世界坐标系原点变换前后的顶点齐次坐标。立方体的动画采用双缓冲技术实现。可以使用键盘方向键或“动画”图标按钮，播放或停止立方体旋转动画。

6.6.2 立方体几何模型

计算机图形学实践教程第 3 版中已经讲授了立方体线框模型的正交投影算法，这里为教师提供的案例具有以下不同之处：

(1) 设立方体的边长为 a，立方体左下角位于建模坐标系原点，立方体模型如图 6-6 所示。

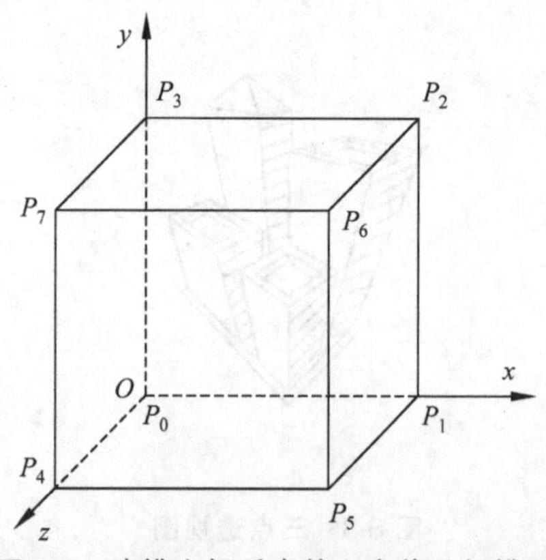

图 6-6 建模坐标系中的立方体几何模型

(2) 立方体线框模型使用 CDC 类的 MoveTo()和 LineTo()函数绘制。实践教程中的同名案例使用 CLine 类对象绘制。使用 CDC 类的成员函数绘制,可以使学生把精力集中于立方体建模技术和三维变换技术上。

(3) 立方体的顶点表和面表见表 6-1 和表 6-2。其中,面表的顶点排列顺序应保持该面的外法矢量方向向外,为后续的消隐做准备。

表 6-1 立方体的顶点表

顶 点	x 坐标	y 坐标	z 坐标
P_0	$x_0=0$	$y_0=0$	$z_0=0$
P_1	$x_1=a$	$y_1=0$	$z_1=0$
P_2	$x_2=a$	$y_2=a$	$z_2=0$
P_3	$x_3=0$	$y_3=a$	$z_3=0$
P_4	$x_4=0$	$y_4=0$	$z_4=a$
P_5	$x_5=a$	$y_5=0$	$z_5=a$
P_6	$x_6=a$	$y_6=a$	$z_6=a$
P_7	$x_7=0$	$y_7=a$	$z_7=a$

表 6-2 立方体的面表

面	边数	顶点 1 序号	顶点 2 序号	顶点 3 序号	顶点 4 序号	说明
F_0	4	4	5	6	7	前面
F_1	4	0	3	2	1	后面
F_2	4	0	4	7	3	左面
F_3	4	1	2	6	5	右面
F_4	4	2	3	7	6	顶面
F_5	4	0	1	5	4	底面

6.6.3 程序设计

1) 读入顶点表

```
void CTestView::ReadPoint(void)
{
    P[0].x =0, P[0].y =0, P[0].z =0;
    P[1].x =a, P[1].y =0, P[1].z =0;
    P[2].x =a, P[2].y =a, P[2].z =0;
    P[3].x =0, P[3].y =a, P[3].z =0;
    P[4].x =0, P[4].y =0, P[4].z =a;
    P[5].x =a, P[5].y =0, P[5].z =a;
    P[6].x =a, P[6].y =a, P[6].z =a;
```

```
    P[7].x =0, P[7].y =a, P[7].z =a;
}
```

程序说明：顶点的三维坐标(x,y,z)与建模坐标系内定义物体的位置相关。

2）读入表面表

```
void CTestView::ReadFacet(void)
{
    F[0].ptN(4);F[0].ptI[0]=4;F[0].ptI[1]=5;F[0].ptI[2]=6;F[0].ptI[3]=7;    //前面
    F[1].ptN(4);F[1].ptI[0]=0;F[1].ptI[1]=3;F[1].ptI[2]=2;F[1].ptI[3]=1;    //后面
    F[2].ptN(4);F[2].ptI[0]=0;F[2].ptI[1]=4;F[2].ptI[2]=7;F[2].ptI[3]=3;    //左面
    F[3].ptN(4);F[3].ptI[0]=1;F[3].ptI[1]=2;F[3].ptI[2]=6;F[3].ptI[3]=5;    //右面
    F[4].ptN(4);F[4].ptI[0]=2;F[4].ptI[1]=3;F[4].ptI[2]=7;F[4].ptI[3]=6;    //顶面
    F[5].ptN(4);F[5].ptI[0]=0;F[5].ptI[1]=1;F[5].ptI[2]=5;F[5].ptI[3]=4;    //底面
}
```

程序说明：面表定义了每个表面的信息，主要是每个表面由几个顶点组成，这些顶点在顶点表中的索引号。面表的定义来自表面类 CFacet。

3）表面类

```
class CFacet
{
public:
    CFacet(void);
    virtual ~CFacet(void);
    void PointNum(int ptN);
public:
    int ptN;                                    //面的顶点数
    int ptI[4];                                 //面的顶点索引号
};
```

程序说明：Facet 是平面片的意思，CFacet 类给出了平面的定义。ptN 代表面的顶点数，ptI 是平面顶点数组名，对于立方体，每个表面有 4 个顶点。如果绘制的是正四面体，则每个表面由 3 个顶点组成。当然，这里可以定义为动态数组，但是理解起来有一定难度。教师可以尝试用 new 和 delete 运算符建立一维动态数组。

6.6.4 正交投影矩阵

假设投影面为 xOy 平面，那么一个点的正交投影就是简单地使用其三维坐标中的 x 和 y 分量绘图，而不管 z 坐标。

1）正交投影矩阵

正交投影的三维变换矩阵表示为

$$\boldsymbol{M}=\begin{bmatrix}1 & 0 & 0 & 0\\0 & 1 & 0 & 0\\0 & 0 & 0 & 0\\0 & 0 & 0 & 1\end{bmatrix}$$

2）正交投影函数

在绘制物体的函数 DrawObject()中实现正交投影。

```
void CTestView::DrawObject(CDC * pDC)
{
    CP2 ScreenPoint,t;
    for(int nFacet =0;nFacet <6;nFacet++)                       //面循环
    {
        for(int nPoint =0;nPoint <F[nFacet].ptN;nPoint++)   //顶点循环
        {
            ScreenPoint.x =P[F[nFacet].ptI[nPoint]].x;      //正交投影后的 x 坐标
            ScreenPoint.y =P[F[nFacet].ptI[nPoint]].y;      //正交投影后的 y 坐标
            if(0 ==nPoint)
            {
                pDC->MoveTo(Round(ScreenPoint.x), Round(ScreenPoint.y));
                t =ScreenPoint;
            }
            else
            {
                pDC->LineTo(Round(ScreenPoint.x), Round(ScreenPoint.y));
            }
        }
        pDC->LineTo(Round(t.x), Round(t.y));                //闭合四边形
    }
}
```

程序说明：循环立方体的 6 个表面，访问每个表面内的顶点。ScreenPoint 是屏幕二维点，仅取三维点的 x 坐标和 y 坐标。

6.6.5 程序总结

立方体的几何模型由顶点表与面表数据结构定义。立方体的正交投影是将图形绘制到 xOy 坐标面内，所以就是简单地将三维顶点的 z 坐标取为零，或者直接使用顶点的 x 坐标和 y 坐标绘制。正交投影的特点是：当表面垂直于 z 轴时，其前后表面的二维投影可以完全重合。

6.7 课外作业

请课后完成第 1、2、5、7、9 题。习题解答参见《计算机图形学基础教程(Visual C++版)》(第 3 版)。在完成习题的情况下，可以继续学习《计算机图形学基础教程(Visual C++版)》(第 3 版)的习题拓展部分，并完成第 2 题。

第7章　自由曲线与曲面

现实世界中的物体并不只是立方体和球体，有许多由自由曲线曲面构成的光滑物体，如茶壶、水杯等。本章主要讲解自由曲线曲面的建模方法，由于 Beizer 方法简单易学，所以重点讲授三次 Bezier 曲线构造的二维图形、双三次 Bezier 曲面片拼接的自由物体。使用 Bezier 曲线曲面建模时，面临的问题是曲线段和曲面片的拼接问题。然而，B样条曲线曲面可以自由地扩展到多个控制点，始终保持阶次不变，而且扩展后的分段曲线或分段曲面实现了自然连接。本章也简单介绍B样条曲线曲面。关于更多的B样条建模技术，目前主要采用非均匀有理B样条方法(non-uniform rational b-splines，NURBS)，在本书作者的另一本著作《计算几何算法与实现》(ISBN：9787121315695)中有详细描述。

7.1　知识点

(1) 计算机辅助几何设计：计算机辅助几何设计(computer aided geometric design，CAGD)主要研究曲面造型的数学基础理论与方法。

(2) Bezier 方法：由控制点对 Bernstain 基函数加权构造曲线。控制多边形的第一个顶点和最后一个顶点位于曲线上，多边形的第一条边和最后一条边表示曲线在起点和终点的切矢量方向，其他顶点则用于定义曲线的导数、阶次和形状。

(3) B样条方法：由控制点对分段基函数加权构造曲线，能够对曲线形状进行局部修改。

(4) NURBS 方法：在保留描述自由曲线曲面长处的同时，改进现有的B样条方法，扩充其表示二次曲线弧与二次曲面的能力，这就是 NURBS 方法。

7.2　教学时数

本章理论教学时数为6学时，实验时数为2学时。详细讲解内容为：Beizer 曲线定义、de Casteljau 递推算法、双三次 Bezier 曲面等。粗略讲解内容为：B样条曲线、B样条曲面等。

7.3　教学目标

1. 了解曲线的连续性条件

通常，单一的曲线段或曲面片表示的形状过于简单，必须将一些曲线段拼接成组合曲线，或将一些曲面片拼接成组合曲面，才能表达复杂的形状。为了保证在结合点处光滑过渡，需要满足连续性条件。连续性条件有两种：参数连续性与几何连续性。

2. 掌握 Bezier 曲线的定义

由于对几何外形设计的要求越来越高，传统的曲线表示方法已不能满足用户的需要。Bezier 曲线由法国 Citroen 汽车公司的 de Casteljau 于 1959 年发明。但是，de Casteljau 所提出的曲线作为公司的技术机密，直到 1975 年之后才引起人们的注意。1962 年，法国 Renault 汽车公司的工程师 Bezier 独立提出 Bezier 曲线曲面，并于 1968 年成功地运用到 UNISURF 汽车造型系统中。UNISURF 系统很快在出版物上公开发表，这就是这种曲线以 Bezier 名字命名的缘故。UNISURF 系统于 1975 年正式投入使用。截至 1999 年，大约 1500 名 Renault 公司的员工使用 UNISURF 进行汽车的设计与生产。

3. 掌握 de Casteljau 递推算法

de Casteljau 所提出的 Bezier 曲线绘制方法将每条控制边用参数方程描述。对于给定的任意参数，可以通过连续的插值算法得到曲线上的点。de Casteljau 递推算法在不使用 Bezier 曲线定义的基础上，可以仅凭递推绘制 Bezier 曲线。在计算机图形学中，Bezier 曲线一般使用 de Casteljau 递推算法绘制。

4. 掌握 Bezier 曲线曲面拼接算法

拼接 4 段三次 Bezier 曲线，可以绘制一个圆。拼接 4 片双三次 Bezier 曲面片，可以组成一个回转面。拼接 8 片双三次曲面片，如果处理好共享南北极顶点的问题，可以绘制出三维球体表面。

5. 了解三次 B 样条曲线的构造技巧

由于 B 样条基函数是一个分段函数，所以 B 样条曲线可以局部调整控制点。使用顶点共线、重点等技术可以在光滑曲线中插入一段直线，也可以在光滑曲线中构造出尖点。

6. 了解三次 B 样条曲面的构造方法

B 样条曲面片的构造方法类似于 Bezier 曲面片，而且 B 样条曲面片要小于相同控制点定义的 Bezier 曲面片。组合 Bezier 曲面存在正确拼接的问题，而 B 样条曲面可以自由扩展到多个控制点，始终保持阶次不变，扩展后的分片曲面实现了自然连接。B 样条曲面主要采用 NURBS 技术绘制旋转面。

7. 了解双三次 B 样条曲面绘制旋转面算法

取位于 xOy 面内的一段二维三次 B 样条曲线，该曲线可以使用三重点绘制尖点。在 xOz 面内使用正八边形作为控制点，可以构造出旋转面。本章主要介绍双三次 B 样条球面的构造方法。

7.4 重点难点

教学重点：三次 Bezier 曲线、三次 Bezier 曲线的 de Casteljau 递推算法、双三次 Bezier 曲面片、三次 B 样条曲线、双三次 B 样条曲面片。教学难点：Bezier 曲线的拼接、回转类的设计。

7.4.1 教学重点

1. 三次 Bezier 曲线

当 $n=3$ 时，Bezier 曲线的控制多边形有 4 个控制点 P_0、P_1、P_2 和 P_3，Bezier 曲线是三

次多项式。

$$\begin{aligned}p(t) &= \sum_{i=0}^{3} P_i B_{i,3}(t) \\ &= (1-t)^3 P_0 + 3t\,(1-t)^2 P_1 + 3t^2\,(1-t)\,P_2 + t^3 P_3 \\ &= (-t^3 + 3t^2 - 3t + 1)P_0 + (3t^3 - 6t^2 + 3t)P_1 + \\ &\quad (-3t^3 + 3t^2)\,P_2 + t^3 P_3, \quad t \in [0,1]\end{aligned}$$

其中，Bernstein 基函数为 $B_{0,3}(t) = -t^3 + 3t^2 - 3t + 1 = (1-t)^3$，$B_{1,3}(t) = 3t^3 - 6t^2 + 3t = 3t\,(1-t)^2$，$B_{2,3}(t) = -3t^3 + 3t^2 = 3t^2(1-t)$，$B_{3,3}(t) = t^3$。这 4 条曲线都是三次多项式，在整个区间[0,1]上都不为 0。这说明，不能对曲线的形状进行局部调整，如果改变某一控制点位置，整段曲线都将受到影响。一般将函数值不为 0 的区间叫作曲线的支撑。可以证明，三次 Bezier 曲线是一段自由曲线。

2. 三次 Bezier 曲线的 de Casteljau 递推算法

三次 Bezier 曲线递推如下：

$$\begin{cases} P_0^1(t) = (1-t)P_0^0(t) + tP_1^0(t) \\ P_1^1(t) = (1-t)P_1^0(t) + tP_2^0(t) \\ P_2^1(t) = (1-t)P_2^0(t) + tP_3^0(t) \end{cases}$$

$$\begin{cases} P_0^2(t) = (1-t)P_0^1(t) + tP_1^1(t) \\ P_1^2(t) = (1-t)P_1^1(t) + tP_2^1(t) \end{cases}$$

$$P_0^3(t) = (1-t)P_0^2(t) + tP_1^2(t)$$

de Casteljau 递推算法如图 7-1 所示。

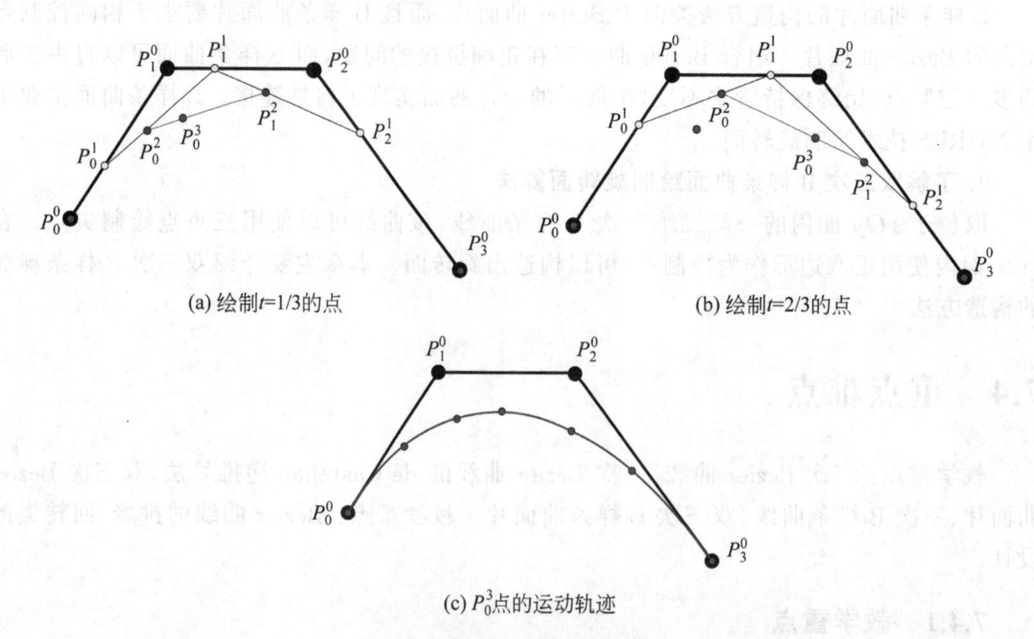

图 7-1　de Casteljau 递推算法

de Casteljau 算法递推出的 P_i^3 呈直角三角形，如图 7-2 所示。

3. 双三次 Bezier 曲面片

Bezier 曲面由 Bezier 曲线拓广而来，以两组正交的 Bezier 曲线控制点构造空间网格生成曲面。当 $m=3,n=3$ 时，由 $4\times4=16$ 个控制点构成控制网格，如图 7-3 所示，其相应的曲面称为双三次 Bezier 曲面。

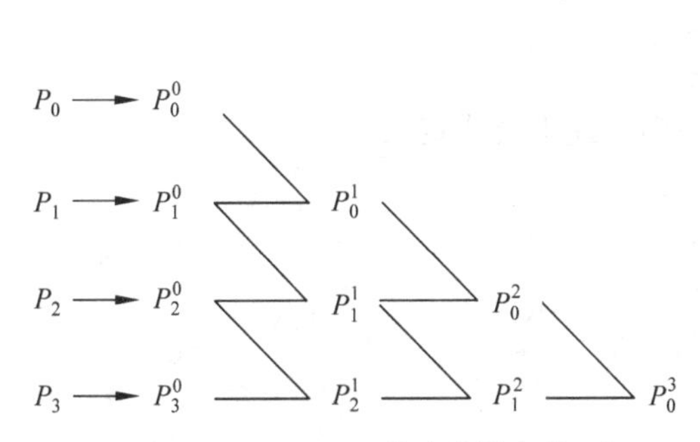

图 7-2　de Casteljau 算法递推出的 P_i^3

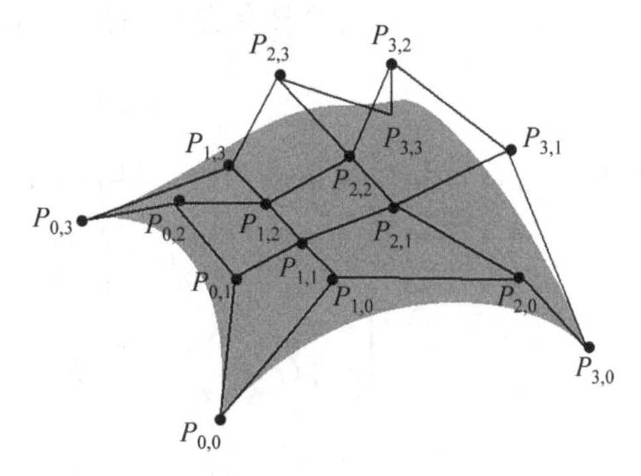

图 7-3　双三次 Bezier 曲面及其控制网格

双三次 Bezier 曲面片的定义为

$$p(u,v)=\sum_{i=0}^{3}\sum_{j=0}^{3}P_{i,j}B_{i,3}(u)B_{j,3}(v)\quad (u,v)\in[0,1]\times[0,1]$$

式中，$P_{i,j}\ (i=0,1,2,3;\ j=0,1,2,3)$ 是 4×4 个控制点。$B_{i,4}(u)$ 和 $B_{j,4}(v)$ 是 Bernstein 基函数。

双三次 Bezier 曲面片定义如下：

$$p(u,v)=[u^3\quad u^2\quad u\quad 1]\begin{bmatrix}-1 & 3 & -3 & 1\\ 3 & -6 & 3 & 0\\ -3 & 3 & 0 & 0\\ 1 & 0 & 0 & 0\end{bmatrix}\begin{bmatrix}P_{0,0} & P_{0,1} & P_{0,2} & P_{0,3}\\ P_{1,0} & P_{1,1} & P_{1,2} & P_{1,3}\\ P_{2,0} & P_{2,1} & P_{2,2} & P_{2,3}\\ P_{3,0} & P_{3,1} & P_{3,2} & P_{3,3}\end{bmatrix}$$

$$\cdot\begin{bmatrix}-1 & 3 & -3 & 1\\ 3 & -6 & 3 & 0\\ -3 & 3 & 0 & 0\\ 1 & 0 & 0 & 0\end{bmatrix}\begin{bmatrix}v^3\\ v^2\\ v\\ 1\end{bmatrix}$$

令

$$\boldsymbol{U}=[u^3\quad u^2\quad u\quad 1],\quad \boldsymbol{V}=[v^3\quad v^2\quad v\quad 1],\quad \boldsymbol{M}_{be}=\begin{bmatrix}-1 & 3 & -3 & 1\\ 3 & -6 & 3 & 0\\ -3 & 3 & 0 & 0\\ 1 & 0 & 0 & 0\end{bmatrix},$$

$$\boldsymbol{P}=\begin{bmatrix}P_{0,0} & P_{0,1} & P_{0,2} & P_{0,3}\\ P_{1,0} & P_{1,1} & P_{1,2} & P_{1,3}\\ P_{2,0} & P_{2,1} & P_{2,2} & P_{2,3}\\ P_{3,0} & P_{3,1} & P_{3,2} & P_{3,3}\end{bmatrix}$$

则有 $p(u,v)=\boldsymbol{UM}_{be}\boldsymbol{PM}_{be}^{\mathrm{T}}\boldsymbol{V}^{\mathrm{T}}$

生成曲面时，可以通过先固定 u，变化 v 得到一簇 Bezier 曲线；然后固定 v，变化 u 得到另一簇 Bezier 曲线，两簇曲线交织生成 Bezier 曲面片。

4. 三次 B 样条曲线

给定 $n+1$ 个控制点 $P_i(i=0,1,2,\cdots,n)$，要用到 $n+1$ 个 k 次 B 样条基函数 $F_{i,k}(t)$ $(i=0,1,\cdots,n)$。k 次 B 样条曲线段的参数表达式为

$$p(t)=\sum_{i=0}^{n}P_iF_{i,k}(t)$$

式中，$F_{i,k}(t)$ 为 B 样条基函数，采用 de Boor-Cox 递推公式定义

$$\begin{cases}F_{i,0}(t)=\begin{cases}1, & 若\ t_i\leqslant t<t_{i+1}\\0, & 其他\end{cases}\\[2ex] F_{i,k}(t)=\dfrac{t-t_i}{t_{i+k}-t_i}F_{i,k-1}(t)+\dfrac{t_{i+k+1}-t}{t_{i+k+1}-t_{i+1}}F_{i+1,k-1}(t)\\[2ex] 约定\dfrac{0}{0}=0\end{cases}$$

基函数 $F_{i,k}(t)$ 有双下标，其中 i 表示序号，取值范围为 $0,1,\cdots,n$。k 表示次数。从公式中可以看出，若确定第 i 个 k 次 B 样条基函数 $F_{i,k}(t)$，需用到 $t_i,t_{i+1},\cdots,t_{i+k},t_{i+k+1}$ 共 $k+2$ 个节点。$F_{i,k}(t)$ 的支撑区间为$[t_i,t_{i+k+1}]$。$F_{i,k}(t)$的第一下标等于其支撑区间左端节点的下标，即表示该 B 样条在参数 t 轴上的位置。

根据 de Boor-Cox 递推定义，可得到三次 B 样条基函数的计算公式：

$$\begin{cases}F_{0,3}(t)=\dfrac{1}{6}(-t^3+3t^2-3t+1)\\[2ex] F_{1,3}(t)=\dfrac{1}{6}(3t^3-6t^2+4)\\[2ex] F_{2,3}(t)=\dfrac{1}{6}(-3t^3+3t^2+3t+1)\\[2ex] F_{3,3}(t)=\dfrac{1}{6}t^3\end{cases}$$

这里将 4 个三次 B 样条基函数全部规范化到 $t\in[0,1]$区间内表示，如图 7-4 所示。

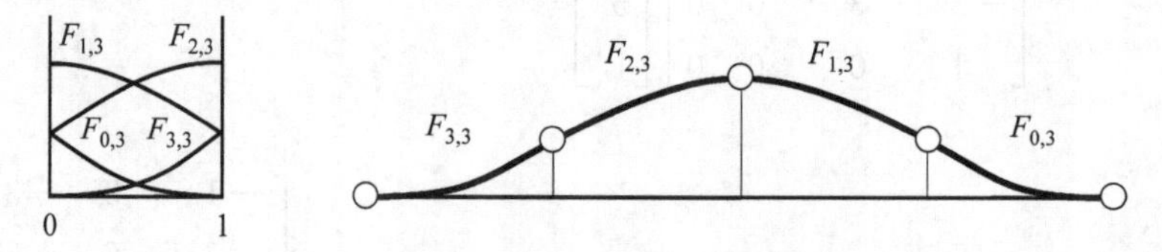

图 7-4　三次均匀 B 样条基函数及其展开图

一段三次 B 样条曲线的几何表示如图 7-5 所示。三次 B 样条曲线的起点 $p(0)$位于$\triangle P_0P_1P_2$底边 P_0P_2的中线 P_1P_m上，且距 P_1点三分之一处。该点处的切矢量 $p'(0)$平行于$\triangle P_0P_1P_2$的底边 P_0P_2，且长度为其二分之一。该点处的二阶导数 $p''(0)$ 沿着中线矢量 $\overrightarrow{P_1P_m}$方向，长度等于$\overrightarrow{P_1P_m}$的两倍。曲线终点 $p(1)$位于$\triangle P_1P_2P_3$底边 P_1P_3的中线 P_2P_n上，且距 P_2点三分之一处。该点处的切矢量 $p'(1)$平行于$\triangle P_1P_2P_3$的底边 P_1P_3，且长

度为其二分之一。该点处的二阶导数 $p''(1)$ 沿着中线矢量 $\overrightarrow{P_2P_n}$ 方向，长度等于 $\overrightarrow{P_2P_n}$ 的两倍。这样，4 个顶点 P_0、P_1、P_2、P_3 确定一段三次 B 样条曲线。一般情况下，三次 B 样条曲线不经过控制点，起点 $p(0)$ 只与前 3 个控制点有关，终点 $p(1)$ 只与后 3 个控制点有关。实际上，B 样条曲线都具有这种控制点的局部影响性，这正是 B 样条曲线可以局部调整的原因。$n+1$ 个控制点定义的三次 B 样条曲线实际上是 $n-2$ 段自由曲线的组合。三次 B 样条曲线可以达到二阶连续性。

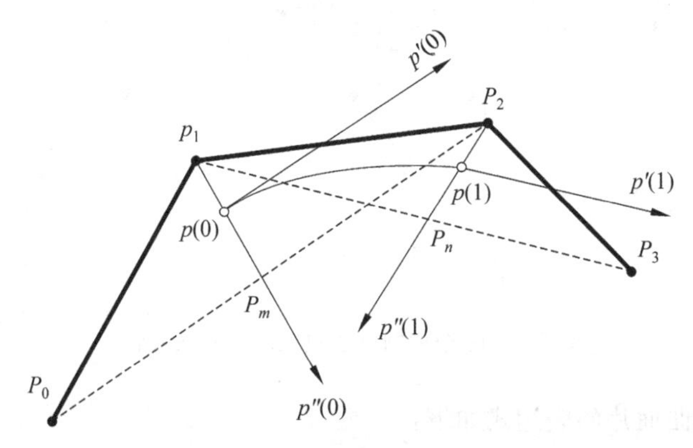

图 7-5　一段三次 B 样条曲线的几何表示

图 7-6 中，控制点 P_0、P_1、P_2、P_3 确定第 1 段三次 B 样条曲线，如果再添加一个顶点 P_4，则 P_1、P_2、P_3、P_4 可以确定第 2 段三次 B 样条曲线，而且第 2 段三次 B 样条曲线的起点切矢量、二阶导数和第 1 段三次 B 样条曲线的终点切矢量和二阶导数相等，两段 B 样条曲线实现自然连接，三次 B 样条曲线只能达到二阶连续性。

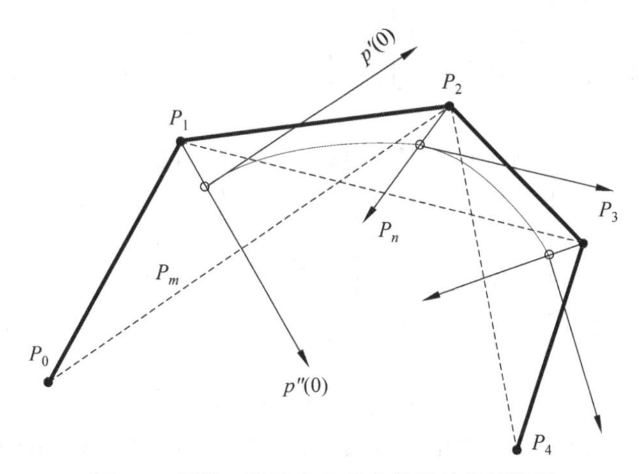

图 7-6　新增一段三次 B 样条曲线的几何表示

5. 双三次 B 样条曲面片

双三次 B 样条曲面片由两组三次 B 样条曲线交织而成，其上的 16 个控制点构成了控制网格，如图 7-7 所示。与三次 B 样条曲线相似，双三次 B 样条曲面片一般不通过控制网格的任何顶点。依次用线段连接点列 $P_{i,j}$ $(i=0,1,2,3;j=0,1,2,3)$ 中相邻两点形成的空间网格称为控制网格。如果 $m=n=3$，则由 $4\times4=16$ 个顶点构成控制网格，其相应的曲面称为双三次 B 样条曲面。

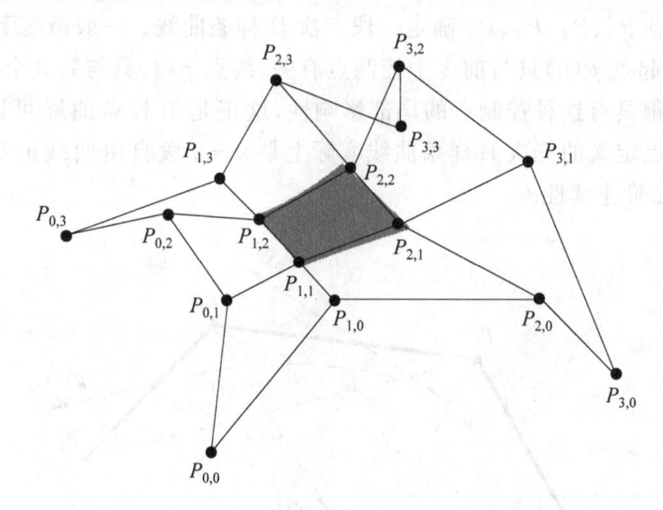

图 7-7　16 个控制点的双三次 B 样条曲面

双三次 B 样条曲面片的表达式如下：

$$p(u,v)=\frac{1}{36}[u^3\quad u^2\quad u\quad 1]\begin{bmatrix}-1 & 3 & -3 & 1\\ 3 & -6 & 3 & 0\\ -3 & 0 & 3 & 0\\ 1 & 4 & 1 & 0\end{bmatrix}\begin{bmatrix}P_{0,0} & P_{0,1} & P_{0,2} & P_{0,3}\\ P_{1,0} & P_{1,1} & P_{1,2} & P_{1,3}\\ P_{2,0} & P_{2,1} & P_{2,2} & P_{2,3}\\ P_{3,0} & P_{3,1} & P_{3,2} & P_{3,3}\end{bmatrix}$$

$$\cdot\begin{bmatrix}-1 & 3 & -3 & 1\\ 3 & -6 & 0 & 4\\ -3 & 3 & 3 & 1\\ 1 & 0 & 0 & 0\end{bmatrix}\begin{bmatrix}v^3\\ v^2\\ v\\ 1\end{bmatrix}$$

令

$$\boldsymbol{U}=[u^3\quad u^2\quad u\quad 1],\quad \boldsymbol{V}=[v^3\quad v^2\quad v\quad 1]$$

$$\boldsymbol{M}_b=\frac{1}{6}\begin{bmatrix}-1 & 3 & -3 & 1\\ 3 & -6 & 3 & 0\\ -3 & 0 & 3 & 0\\ 1 & 4 & 1 & 0\end{bmatrix},\quad \boldsymbol{P}=\begin{bmatrix}P_{0,0} & P_{0,1} & P_{0,2} & P_{0,3}\\ P_{1,0} & P_{1,1} & P_{1,2} & P_{1,3}\\ P_{2,0} & P_{2,1} & P_{2,2} & P_{2,3}\\ P_{3,0} & P_{3,1} & P_{3,2} & P_{3,3}\end{bmatrix}$$

则有

$$p(u,v)=\boldsymbol{U}\boldsymbol{M}_b\boldsymbol{P}\boldsymbol{M}_b^{\mathrm{T}}\boldsymbol{V}^{\mathrm{T}}$$

生成曲面时可以先固定 u，变化 v 得到一簇三次 B 样条曲线；然后固定 v，变化 u 得到另一簇三次 B 样条曲线，两簇曲线交织生成 B 样条曲面。

7.4.2　教学难点

1. Bezier 曲线的拼接

两段三次 Bezier 曲线达到 G^0 连续性的条件是：$P_3=Q_0$。达到 G^1 连续性的条件是：P_2、$P_3(Q_0)$和 Q_1 三点共线，且 P_2 和 Q_1 位于 $P_3(Q_0)$的两侧，有

$$p'(1)=3(P_3-P_2),\quad q'(0)=3(Q_1-Q_0)$$

达到 G^1 连续性，有 $p'(1)=\alpha \cdot q'(0)$，即 $P_3-P_2=\alpha(Q_1-Q_0)$

式中，α 为比例因子。由于 $P_3=Q_0$，因此有 $Q_0=\dfrac{P_2+\alpha Q_1}{1+\alpha}$。

G^1 连续性条件的要求是：$P_3(Q_0)$是在 P_2Q_1 连线上位于 P_2 和 Q_1 两点间的某处。特别地，若取 $\alpha=1$，则有 $Q_0=(P_2+Q_1)\ /2$，即 $P_3(Q_0)$是 $P_2\ Q_1$ 连线的中点。α 对 $P_3(Q_0)$位置的影响如图 7-8 所示。

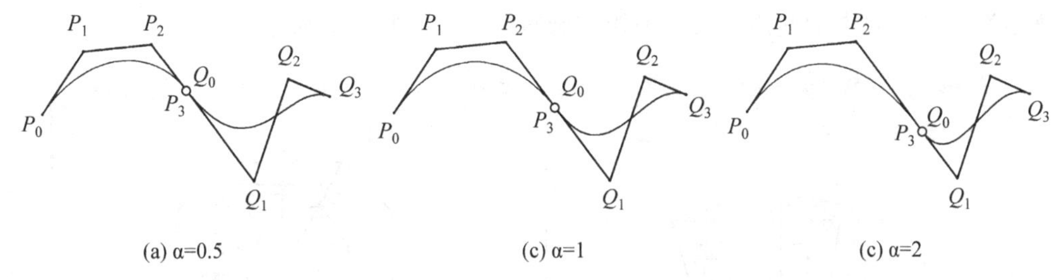

图 7-8　α 对 P_3 (Q_0) 位置的影响

2. 回转类的设计

在 xOy 面内给定一组二维控制点，可以是一组或两组拼接的 Bezier 曲线，也可以是多个顶点的 B 样条曲线。将这些点添加 $z=0$ 的坐标，转换为三维点。如果使用 Bezier 方法回转，则回转类需要使用 4 片 Bezier 曲面片拼接成 xOz 面内的圆；如果使用 B 样条方法回转，则回转类需要使用正八边形回转成 xOz 面内的圆。定义回转类为 CRevolution，回转类调用双三次曲面片完成回转面的绘制。

7.5　教学案例建议

本章教学的重点案例是绘制双三次 Bezier 球体的线框模型和 Utah 茶壶线框模型。使用到的知识涉及 4 段三次 Bezier 曲线拼接圆、双三次 Bezier 曲面片、三维几何变换和透视投影。教学中首先讲授 de Casteljau 递推算法绘制一段三次 Bezier 曲线，然后拼接 4 段三次 Bezier 曲线为圆。接下来重点讲授双三次 Bezier 曲面的绘制，这里涉及矩阵运算，需要编程实现。

双三次 Bezier 球由 8 片双三次 Bezier 曲面片拼接而成，Utah 茶壶由 32 片双三次 Bezier 曲面片拼接而成，如图 7-9 所示。制作 Utah 茶壶时，建议参考文献 *The Origins of the Teapot*。

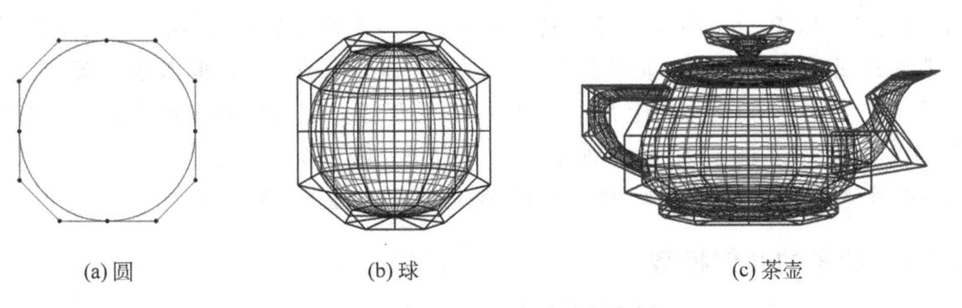

图 7-9　采用 Bezier 方法绘制实例

7.6 教学程序

给定 4 个二维控制点 $P_0(50, 100)$，$P_1(150, 70)$，$P_2(120, -30)$，$P_3(90, -80)$，将生成的曲线作为“罐子”右侧的轮廓线。试编写回转类 CRevolution，根据位于 xOy 内的一条二维轮廓线，绕 y 轴回转，用 CBicubicBezierPatch 类定义的 4 片双三次 Bezier 曲面片拼接三维曲面模型。要求能使用三维变换矩阵旋转罐子，如图 7-10 所示。

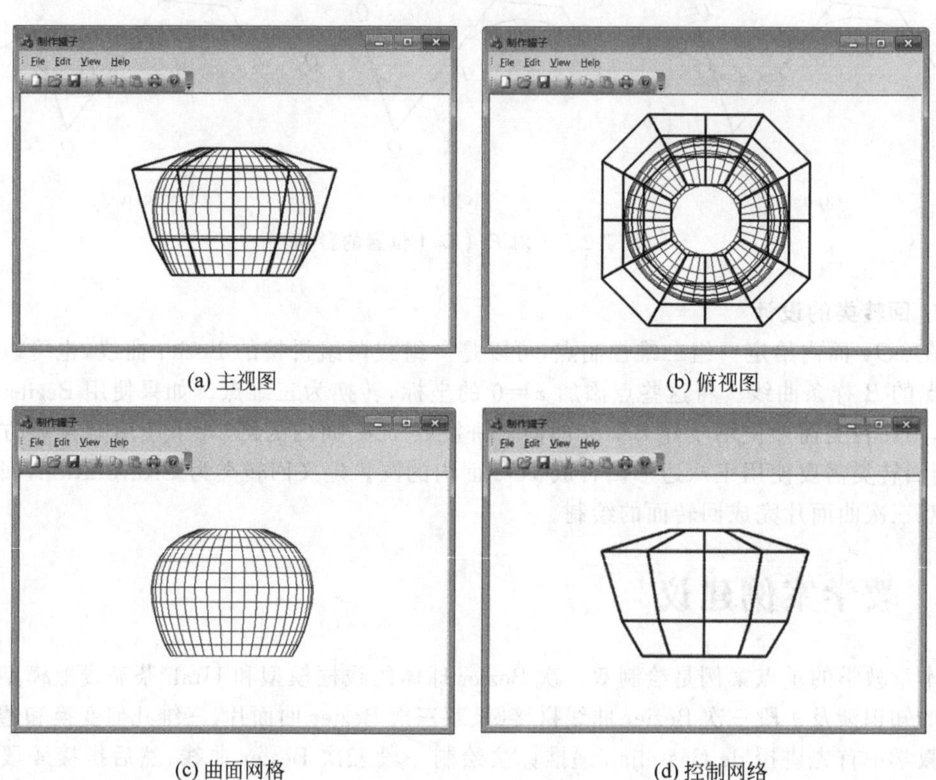

(a) 主视图　(b) 俯视图　(c) 曲面网格　(d) 控制网络

图 7-10　三次 Bezier 曲线生成的回转面

7.6.1 程序分析

本程序主要展示三维曲面建模技术，绘制的物体类似于罐子。给定 4 个二维点，在 xOy 面内定义一段 Bezier 曲线。将该曲线表示为 $z=0$ 的三维点后，就可以用 4 片双三次 Bezier 曲面片回转为旋转面。本案例中定义世界三维右手坐标系，原点位于客户区中心，x 轴水平向右为正，y 轴垂直向上为正，z 轴指向观察者。定义屏幕二维坐标系，原点位于客户区中心，x 轴水平向右为正，y 轴垂直向上为正。罐子的旋转使用 CTransform3 类对象，可以使用键盘方向键或“动画”图标按钮，播放或停止罐子旋转动画。

7.6.2 罐子的几何模型

将图 7-11 所示曲线绕 y 轴回转形成罐子，共用 4 片双三次 Bezier 曲面片。

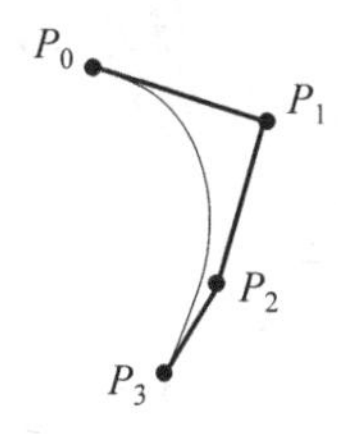

图 7-11 罐子的母线

7.6.3 程序设计

1）定义双三次 Bezier 曲面片类

```
class CBicubicBezierPatch
{
public:
    CBicubicBezierPatch(void);
    virtual ~CBicubicBezierPatch(void);
    void ReadControlPoint(CP3 P[4][4]);                          //读入 16 个控制点
    void DrawCurvedPatch(CDC* pDC);                              //绘制双三次 Bezier 曲面片
    void DrawControlGrid(CDC* pDC);                              //绘制控制网格
private:
    void LeftMultiplyMatrix(double M[4][4],CP3 P[4][4]);        //左乘顶点矩阵
    void RightMultiplyMatrix(CP3 P[4][4],double M[4][4]);       //右乘顶点矩阵
    void TransposeMatrix(double M[4][4]);                        //转置矩阵
    CP2 OrthogonalProjection(CP3 Point3);                        //正交投影
public:
    CP3 P[4][4];                                                 //三维控制点
};
CBicubicBezierPatch::CBicubicBezierPatch(void)
{
}
CBicubicBezierPatch::~CBicubicBezierPatch(void)
{
}
void CBicubicBezierPatch::ReadControlPoint(CP3 P[4][4])
{
for(int i=0;i<4;i++)
     for(int j=0;j<4;j++)
             this->P[i][j]=P[i][j];
}
void CBicubicBezierPatch::DrawCurvedPatch(CDC* pDC)
{
    double M[4][4];                                              //系数矩阵 M
    M[0][0]=-1;M[0][1]=3; M[0][2]=-3;M[0][3]=1;
```

```
    M[1][0]=3; M[1][1]=-6;M[1][2]=3; M[1][3]=0;
    M[2][0]=-3;M[2][1]=3; M[2][2]=0; M[2][3]=0;
    M[3][0]=1; M[3][1]=0; M[3][2]=0; M[3][3]=0;
    CP3 PT[4][4];                                          //曲线计算用控制点数组
    for(int i=0;i<4;i++)
        for(int j=0;j<4;j++)
            PT[i][j] =P[i][j];
    LeftMultiplyMatrix(M, PT);                             //数字矩阵左乘三维点矩阵
    TransposeMatrix(M);                                    //计算转置矩阵
    RightMultiplyMatrix(PT,M);                             //数字矩阵右乘三维点矩阵
    double tStep =0.1;                                     //t 的步长
    double u0,u1,u2,u3,v0,v1,v2,v3;                        //u、v 参数的幂
    for(double u=0;u<=1;u+=tStep)
        for(double v=0;v<=1;v+=tStep)
        {
            u3=u*u*u;u2=u*u;u1=u;u0=1;
            v3=v*v*v;v2=v*v;v1=v;v0=1;
            CP3 pt=(u3*PT[0][0]+u2*PT[1][0]+u1*PT[2][0]+u0*PT[3][0])*v3
                +(u3*PT[0][1]+u2*PT[1][1]+u1*PT[2][1]+u0*PT[3][1])*v2
                +(u3*PT[0][2]+u2*PT[1][2]+u1*PT[2][2]+u0*PT[3][2])*v1
                +(u3*PT[0][3]+u2*PT[1][3]+u1*PT[2][3]+u0*PT[3][3])*v0;
            CP2 Point2=OrthogonalProjection(pt);           //正交投影
            if(v==0)
                pDC->MoveTo(ROUND(Point2.x),ROUND(Point2.y));
            else
                pDC->LineTo(ROUND(Point2.x),ROUND(Point2.y));
        }
    for(double v=0;v<=1;v+=tStep)
        for(double u=0;u<=1;u+=tStep)
        {
            u3=u*u*u;u2=u*u;u1=u;u0=1;
            v3=v*v*v;v2=v*v;v1=v;v0=1;
            CP3 pt=(u3*PT[0][0]+u2*PT[1][0]+u1*PT[2][0]+u0*PT[3][0])*v3
                +(u3*PT[0][1]+u2*PT[1][1]+u1*PT[2][1]+u0*PT[3][1])*v2
                +(u3*PT[0][2]+u2*PT[1][2]+u1*PT[2][2]+u0*PT[3][2])*v1
                +(u3*PT[0][3]+u2*PT[1][3]+u1*PT[2][3]+u0*PT[3][3])*v0;
            CP2 Point2=OrthogonalProjection(pt);           //正交投影
            if(0==u)
                pDC->MoveTo(ROUND(Point2.x),ROUND(Point2.y));
            else
                pDC->LineTo(ROUND(Point2.x),ROUND(Point2.y));
        }
}

void CBicubicBezierPatch::LeftMultiplyMatrix(double M[4][4],CP3 P[4][4])
                                                           //左乘矩阵 M*P
```

```
{
    CP3 T[4][4];                                                    //临时矩阵
    int i,j;
    for(i=0;i<4;i++)
        for(j=0;j<4;j++)
            T[i][j]=M[i][0] * P[0][j]+M[i][1] * P[1][j]+M[i][2] * P[2][j]+M[i][3] *
            P[3][j];
    for( i=0;i<4;i++)
        for(int j=0;j<4;j++)
            P[i][j]=T[i][j];
}
void CBicubicBezierPatch::RightMultiplyMatrix(CP3 P[4][4],double M[4][4])
                                                                      //右乘矩阵 P * M
{
    CP3 T[4][4];                                                    //临时矩阵
    int i,j;
    for(i=0;i<4;i++)
        for(j=0;j<4;j++)
            T[i][j]=P[i][0] * M[0][j]+P[i][1] * M[1][j]+P[i][2] * M[2][j]+P[i][3] * M
            [3][j];
    for( i=0;i<4;i++)
        for(int j=0;j<4;j++)
            P[i][j]=T[i][j];
}
void CBicubicBezierPatch::TransposeMatrix(double M[4][4])  //转置矩阵
{
    int i;
    double T[4][4];                                                 //临时矩阵
    for( i=0;i<4;i++)
        for(int j=0;j<4;j++)
            T[j][i]=M[i][j];
    for( i=0;i<4;i++)
        for(int j=0;j<4;j++)
            M[i][j]=T[i][j];
}
CP2 CBicubicBezierPatch::OrthogonalProjection(CP3 Point3) //正交投影
{
    CP2 Point2;
Point2.x=Point3.x;
    Point2.y=Point3.y;
    return Point2;
}
void CBicubicBezierPatch::DrawControlGrid(CDC * pDC)        //绘制控制网格
{
    int i;
```

```
    CP2 P2[4][4];                                                    //二维控制点
    for(i=0;i<4;i++)
        for(int j=0;j<4;j++)
            P2[i][j]=OrthogonalProjection(P[i][j]);
    CPen NewPen, * pOldPen;
    NewPen.CreatePen(PS_SOLID,3,RGB(0,0,0));
    pOldPen=pDC->SelectObject(&NewPen);
    for(i=0;i<4;i++)
    {
        pDC->MoveTo(ROUND(P2[i][0].x),ROUND(P2[i][0].y));
        for(int j=1;j<4;j++)
            pDC->LineTo(ROUND(P2[i][j].x),ROUND(P2[i][j].y));
    }
    for(int j=0;j<4;j++)
    {
        pDC->MoveTo(ROUND(P2[0][j].x),ROUND(P2[0][j].y));
        for(int i=1;i<4;i++)
            pDC->LineTo(ROUND(P2[i][j].x),ROUND(P2[i][j].y));
    }
    pDC->SelectObject(pOldPen);
    NewPen.DeleteObject();
}
```

程序说明：读入的P3[4][4]数组是控制多边形顶点二维数组。该数组一方面通过与M及其转置矩阵进行乘法计算曲线上的点，另一方面用于绘制控制多边形。为了避免矩阵乘法运算改变其值而导致绘制控制多边形时出现错误，用PT数组转储了P3数组。由于矩阵乘法不满足交换律，所以需要设置系数矩阵与顶点的左乘运算和右乘运算函数。每个双三次面片都被划分为100个网格。投影方式采用正交投影。

2) 回转类

```
#include "Patch.h"
#include"BicubicBezierPatch.h"
class CRevolution
{
public:
    CRevolution(void);
    virtual ~CRevolution(void);
    void ReadCubicBezierControlPoint(CP3 * ctrP);          //曲线顶点初始化
    void ReadVertex(void);                                 //读入回转体控制多边形顶点
    void ReadPatch(void);                                  //读入回转体双三次曲面片
    void DrawRevolutionPatch(CDC * pDC, BOOL bShow);       //绘制回转体
public:
    CP3 V[64];                        //回转面曲面总顶点数(4个面,每面16个点,共64个点)
private:
    CP3 P[4];                                              //来自曲线的4个三维控制点
```

```
    CPatch S[4];                                    //回转体曲面总面数,一圈 4 个面
    CP3 P3[4][4];                                   //单个双三次曲面片的 16 个三维控制点
CBicubicBezierPatch patch;
};
CRevolution::CRevolution(void)
{
}
CRevolution::~CRevolution(void)
{
}
void CRevolution::ReadCubicBezierControlPoint(CP3* ctrP)
                                                    //三次 Bezier 曲线 4 个控制点初始化
{
    for (int i =0; i <4; i++)
        P[i] =ctrP[i];                              //读入回转体的数据结构
    ReadVertex();
    ReadPatch();
}

void CRevolution::ReadVertex(void)                  //读入回转体的所有控制点
{
    const double m =0.5523;                         //魔术常数
    //回转一圈需要 4 个面,每面 16 个点,共 64 个点
    //第一片面面
    V[0].x =P[0].x, V[0].y =P[0].y, V[0].z =P[0].z;
    V[1].x =P[1].x, V[1].y =P[1].y, V[1].z =P[1].z;
    V[2].x =P[2].x, V[2].y =P[2].y, V[2].z =P[2].z;
    V[3].x =P[3].x, V[3].y =P[3].y, V[3].z =P[3].z;
    V[4].x =V[0].x, V[4].y =V[0].y, V[4].z =V[0].x * m;
    V[5].x =V[1].x, V[5].y =V[1].y, V[5].z =V[1].x * m;
    V[6].x =V[2].x, V[6].y =V[2].y, V[6].z =V[2].x * m;
    V[7].x =V[3].x, V[7].y =V[3].y, V[7].z =V[3].x * m;
    V[8].x =V[0].x * m, V[8].y =V[0].y, V[8].z =V[0].x;
    V[9].x =V[1].x * m, V[9].y =V[1].y, V[9].z =V[1].x;
    V[10].x =V[2].x * m, V[10].y =V[2].y, V[10].z =V[2].x;
    V[11].x =V[3].x * m, V[11].y =V[3].y, V[11].z =V[3].x;
    V[12].x =V[0].z, V[12].y =V[0].y, V[12].z =V[0].x;
    V[13].x =V[1].z, V[13].y =V[1].y, V[13].z =V[1].x;
    V[14].x =V[2].z, V[14].y =V[2].y, V[14].z =V[2].x;
    V[15].x =V[3].z, V[15].y =V[3].y, V[15].z =V[3].x;
    //第二片曲面
    V[16].x =V[0].z, V[16].y =V[0].y, V[16].z =V[0].x;
    V[17].x =V[1].z, V[17].y =V[1].y, V[17].z =V[1].x;
    V[18].x =V[2].z, V[18].y =V[2].y, V[18].z =V[2].x;
    V[19].x =V[3].z, V[19].y =V[3].y, V[19].z =V[3].x;
```

```
V[20].x =-V[0].x * m, V[20].y =V[0].y, V[20].z =V[0].x;
V[21].x =-V[1].x * m, V[21].y =V[1].y, V[21].z =V[1].x;
V[22].x =-V[2].x * m, V[22].y =V[2].y, V[22].z =V[2].x;
V[23].x =-V[3].x * m, V[23].y =V[3].y, V[23].z =V[3].x;
V[24].x =-V[0].x, V[24].y =V[0].y, V[24].z =V[0].x * m;
V[25].x =-V[1].x, V[25].y =V[1].y, V[25].z =V[1].x * m;
V[26].x =-V[2].x, V[26].y =V[2].y, V[26].z =V[2].x * m;
V[27].x =-V[3].x, V[27].y =V[3].y, V[27].z =V[3].x * m;
V[28].x =-V[0].x, V[28].y =V[0].y, V[28].z =V[0].z;
V[29].x =-V[1].x, V[29].y =V[1].y, V[29].z =V[1].z;
V[30].x =-V[2].x, V[30].y =V[2].y, V[30].z =V[2].z;
V[31].x =-V[3].x, V[31].y =V[3].y, V[31].z =V[3].z;
//第三片曲面
V[32].x =-V[0].x, V[32].y =V[0].y, V[32].z =V[0].z;
V[33].x =-V[1].x, V[33].y =V[1].y, V[33].z =V[1].z;
V[34].x =-V[2].x, V[34].y =V[2].y, V[34].z =V[2].z;
V[35].x =-V[3].x, V[35].y =V[3].y, V[35].z =V[3].z;
V[36].x =-V[0].x, V[36].y =V[0].y, V[36].z =-V[0].x * m;
V[37].x =-V[1].x, V[37].y =V[1].y, V[37].z =-V[1].x * m;
V[38].x =-V[2].x, V[38].y =V[2].y, V[38].z =-V[2].x * m;
V[39].x =-V[3].x, V[39].y =V[3].y, V[39].z =-V[3].x * m;
V[40].x =-V[0].x * m, V[40].y =V[0].y, V[40].z =-V[0].x;
V[41].x =-V[1].x * m, V[41].y =V[1].y, V[41].z =-V[1].x;
V[42].x =-V[2].x * m, V[42].y =V[2].y, V[42].z =-V[2].x;
V[43].x =-V[3].x * m, V[43].y =V[3].y, V[43].z =-V[3].x;
V[44].x =V[0].z, V[44].y =V[0].y, V[44].z =-V[0].x;
V[45].x =V[1].z, V[45].y =V[1].y, V[45].z =-V[1].x;
V[46].x =V[2].z, V[46].y =V[2].y, V[46].z =-V[2].x;
V[47].x =V[3].z, V[47].y =V[3].y, V[47].z =-V[3].x;
//第四片曲面
V[48].x =V[0].z, V[48].y =V[0].y, V[48].z =-V[0].x;
V[49].x =V[1].z, V[49].y =V[1].y, V[49].z =-V[1].x;
V[50].x =V[2].z, V[50].y =V[2].y, V[50].z =-V[2].x;
V[51].x =V[3].z, V[51].y =V[3].y, V[51].z =-V[3].x;
V[52].x =V[0].x * m, V[52].y =V[0].y, V[52].z =-V[0].x;
V[53].x =V[1].x * m, V[53].y =V[1].y, V[53].z =-V[1].x;
V[54].x =V[2].x * m, V[54].y =V[2].y, V[54].z =-V[2].x;
V[55].x =V[3].x * m, V[55].y =V[3].y, V[55].z =-V[3].x;
V[56].x =V[0].x, V[56].y =V[0].y, V[56].z =-V[0].x * m;
V[57].x =V[1].x, V[57].y =V[1].y, V[57].z =-V[1].x * m;
V[58].x =V[2].x, V[58].y =V[2].y, V[58].z =-V[2].x * m;
V[59].x =V[3].x, V[59].y =V[3].y, V[59].z =-V[3].x * m;
V[60].x =V[0].x, V[60].y =V[0].y, V[60].z =V[0].z;
V[61].x =V[1].x, V[61].y =V[1].y, V[61].z =V[1].z;
```

```
    V[62].x =V[2].x, V[62].y =V[2].y, V[62].z =V[2].z;
    V[63].x =V[3].x, V[63].y =V[3].y, V[63].z =V[3].z;
}

void CRevolution::ReadPatch(void)              //曲面片表
{
    //第 1 卦限曲面片
    S[0].ptNumber=16;
    S[0].ptIndex[0][0]=0;S[0].ptIndex[0][1]=4;S[0].ptIndex[0][2]=8;S[0].ptIndex
    [0][3 =12;
    S[0].ptIndex[1][0]=1 S[0].ptIndex[1][1]=5;S[0].ptIndex[1][2]=9;S[0].ptIndex
    [1][3]=13;
    S[0].ptIndex[2][0]=2; S[0].ptIndex[2][1]=6; S[0].ptIndex[2][2]=10; S[0].
    ptIndex[2][3]=14;
    S[0].ptIndex[3][0]=3; S[0].ptIndex[3][1]=7; S[0].ptIndex[3][2]=11; S[0].
    ptIndex[3][3]=15;
    //第 2 卦限曲面片
    S[1].ptNumber=16;
    S[1].ptIndex[0][0]=16;S[1].ptIndex[0][1]=20;S[1].ptIndex[0][2]=24;
    S[1].ptIndex[0][3]=28;
    S[1].ptIndex[1][0]=17;S[1].ptIndex[1][1]=21;S[1].ptIndex[1][2]=25;
    S[1].ptIndex[1][3]=29;
    S[1].ptIndex[2][0]=18;S[1].ptIndex[2][1]=22;S[1].ptIndex[2][2]=26;
    S[1].ptIndex[2][3]=30;
    S[1].ptIndex[3][0]=19;S[1].ptIndex[3][1]=23;S[1].ptIndex[3][2]=27;
    S[1].ptIndex[3][3]=31;
    //第 3 卦限曲面片
    S[2].ptNumber=16;
    S[2].ptIndex[0][0]=32;S[2].ptIndex[0][1]=36;S[2].ptIndex[0][2]=40;
    S[2].ptIndex[0][3]=44;
    S[2].ptIndex[1][0]=33;S[2].ptIndex[1][1]=37;S[2].ptIndex[1][2]=41;
    S[2].ptIndex[1][3]=45;
    S[2].ptIndex[2][0]=34;S[2].ptIndex[2][1]=38;S[2].ptIndex[2][2]=42;
    S[2].ptIndex[2][3]=46;
    S[2].ptIndex[3][0]=35;S[2].ptIndex[3][1]=39;S[2].ptIndex[3][2]=43;
    S[2].ptIndex[3][3]=47;
    //第 4 卦限曲面片
    S[3].ptNumber=16;
    S[3].ptIndex[0][0]=48;S[3].ptIndex[0][1]=52;S[3].ptIndex[0][2]=56;
    S[3].ptIndex[0][3]=60;
    S[3].ptIndex[1][0]=49;S[3].ptIndex[1][1]=53;S[3].ptIndex[1][2]=57;
    S[3].ptIndex[1][3]=61;
    S[3].ptIndex[2][0]=50;S[3].ptIndex[2][1]=54;S[3].ptIndex[2][2]=58;
    S[3].ptIndex[2][3]=62;
```

```
    S[3].ptIndex[3][0]=51;S[3].ptIndex[3][1]=55;S[3].ptIndex[3][2]=59;
    S[3].ptIndex[3][3]=63;
}
void CRevolution::DrawRevolutionPatch(CDC * pDC, BOOL bShow)      //绘制回转体曲面
{
    for(int nPatch=0;nPatch<4;nPatch++)
    {
        for(int i=0;i<4;i++)
            for (int j=0;j<4;j++)
                P3[i][j] =V[S[nPatch].ptIndex[i][j]];
        patch.ReadControlPoint(P3);
        patch.DrawCurvedPatch(pDC);
        if(bShow)
            patch.DrawControlGrid(pDC);
    }
}
```

程序说明：回转类由 4 片双三次 Bezier 曲面片构成，每片曲面有 16 个控制点，回转类共有 64 个控制点。

3）读入二维控制点坐标

```
void CTestView::ReadPoint(void)
{
    P2[0] =CP2(0.5, 1);                          //4个二维点模拟一段三次 Bezier 曲线
    P2[1] =CP2(1.5, 0.7);
    P2[2] =CP2(1.2, -0.3);
    P2[3] =CP2(0.9, -0.8);
    double scalar =150;
    for (int i =0; i <4; i++)                    //控制点转储为 xOy 面上的三维点
    {
        P3[i] =CP3(P2[i].x, P2[i].y, 0.0);
    }
    revolution.ReadCubicBezierControlPoint(P3);
    transform.SetMatrix(revolution.V, 64);
    transform.Scale(scalar, scalar, scalar); //等比放大
}
```

程序说明：在 CTestView 类内读入 4 个二维控制点，然后转储为三维控制点。revolution 为回转类 CRevolution 对象。transform 为三维变换类 CTransform3 对象。transform 对 64 个控制点进行整体变换。

7.6.4 程序总结

本程序将一段三次 Bezier 曲线回转为一个罐子形状的三维模型。采用正交投影绘制了罐子的二维投影图，使用 CTransform3 类制作了罐子的旋转动画。

7.7 课外作业

请课后完成第 1、2、4～8 题。习题解答参见《计算机图形学基础教程(Visual C++ 版)》(第 3 版)。在完成习题的情况下,可以继续学习《计算机图形学基础教程(Visual C++ 版)》(第 3 版)的习题拓展部分,并完成第 2～4 题。

第 8 章　建模与消隐

本章首先讲解多面体与曲面体的建模方法。多面体主要有正四面体、正六面体、正八面体、正十二面体、正二十面体等。曲面体主要有球体、圆柱体、圆锥体、圆环体等。多面体使用一次平面方程描述，曲面体使用二次曲面方程描述。物体可以采用线框模型描述，也可以采用表面模型或实体模型描述。通常，物体使用边界表示法进行几何建模。三维物体绘制到二维屏幕上需要进行投影和消隐。消隐部分主要讲解背面剔除算法与 Z-Buffer 算法、画家算法。消隐算法总涉及排序算法。本质上说，背面剔除算法也属于面消隐算法，只不过用于绘制物体的线框模型而已。20 世纪末，线消隐算法曾是研究的热点技术，但随着真实感图形绘制技术的日益成熟，Z-Buffer 算法为代表的面消隐算法逐渐成为主流技术。

8.1　知识点

(1) 线框模型：使用物体的棱边和顶点表示几何形状的一种模型。

(2) 表面模型：使用物体外表面的集合表示几何形状的一种模型。

(3) 实体模型：用三维物体的体素表示几何形状的一种模型。本章中定义的实体模型是在表面模型的基础上用有向棱边隐含地表示表面的外法矢量方向，使得实体模型的表面有内外之分。

(4) 边界表示法：使用点、边、面描述物体的几何特征。

(5) 几何信息：描述几何元素空间位置的信息。

(6) 拓扑信息：描述几何元素之间相互连接关系的信息。

(7) 双表结构：无论建立的是物体的线框模型、表面模型，还是实体模型，都统一到只使用面表和点表两种数据结构表示，并且要求面表中按照表面外法矢量的方向遍历多边形顶点索引号，表明处理的是物体的正面。依次访问所有表面，可以绘制物体的三维结构。

(8) 顶点表：定义物体的三维顶点坐标。

(9) 表面表：定义物体的表面由哪些顶点索引组成。

(10) 多面体：是指 4 个或 4 个以上多边形围成的三维物体，可以直接使用边界表示法描述。

(11) 曲面体：用二次或者三次曲面包裹的三维物体。二次曲面体一般由曲面方程给出，需要离散为网格模型后，才可以使用边界表示法描述。

(12) 组合体：由多面体和曲面体简单地组合而成。

8.2　教学时数

本章理论教学时数为 6 学时，实验时数为 4 学时。详细讲解内容为：立方体建模方法、球体地理划分建模方法、球体递归划分建模方法、背面剔除算法、Z-Buffer 算法等。粗略讲解内容为：正二十面体建模方法、椭球面建模方法、圆柱建模方法、圆锥建模方法、圆环建模方法、画家算法等。

实验题目1：绘制RGB立方体。立方体8个顶点的颜色分别设置为黑色、红色、黄色、绿色、蓝色、品红、白色和青色。表面分解为三角形小面后，使用双线性插值方法填充。消隐方式为背面剔除算法。

实验题目2：地理划分线框球透视投影。基于地理划分法设计球体类，绘制球面线框模型的透视投影。使用定时器旋转球体，并生成消隐后的球体旋转动画。消隐方式为背面剔除算法。

8.3 教学目标

1. 了解物体的表示方法

计算机中三维物体的表示有线框模型、表面模型和实体模型3种方法，表达的几何体信息越来越完整。20世纪70年代前，物体主要使用线框模型表示，处理的是线消隐问题。20世纪70年代后主要采用表面模型与实体模型表示，处理的是面消隐问题。

2. 熟悉多面体建模方法

多面体是由平面组成的凸物体。凸多面体的每个表面为凸多边形，每个表面要么完全可见，要么完全不可见，不会出现部分可见。常见的凸多面体有正四面体、正六面体、正八面体、正十二面体和正二十面体，统称为柏拉图多面体。本章中，凸多面体以正六面体为重点案例进行讲解，引导学生绘制正六面体的正交投影和透视投影线框模型旋转动画。多面体使用顶点表与表面表数据结构描述。顶点表给出的是物体的几何信息，用CP3类定义三维点，给出每个顶点的三维齐次坐标；表面表给出的是物体的拓扑信息，用CFacet类定义二维平面，给出的是表面的顶点数和每个顶点的索引号。为了建立物体的实体模型，表面分为里面和外面。外面的法矢量向外，如果每个表面顶点的索引号按逆时针方向排列，则隐含指示外法矢量方向。

3. 熟悉曲面体建模方法

曲面体的表面可以用连续方程表示，主要包括球、圆柱、圆锥和圆环等凸多面体。曲面体建模时，需要对曲面进行网格细分。细分网格一般为四边形网格或三角形网格。本章中，曲面体以球体为重点案例进行讲解，引导学生绘制球体的正交投影和透视投影线框模型旋转动画。对于球的南北极，使用三角形网格划分，其余部分使用平面网格逼近。曲面体网格细分后，就相当于使用多面体逼近，如32面的多面体就是一个逼近球体的实例。球体的建模可以采用地理划分法、递归划分法等方法建模，也可以使用第7章介绍的双三次Bezier曲面片、双三次B样条曲面片拼接。

4. 实现背面剔除算法

背面剔除算法是凸多面体消隐常用的算法，透视投影和平行投影都可以使用背面剔除算法剔除不可见表面。使用Z-Buffer算法和画家算法消隐前，常使用背面剔除算法进行预处理。

5. 实现深度缓冲算法

深度缓冲算法也称为Z-Buffer算法，通过建立深度缓冲器保存屏幕上的每个像素点的深度值进行消隐。深度缓冲算法不需要进行计算，只需比较当前像素点的深度是否小于深度缓冲器中存储的深度，如果大于，则放弃；如果小于，则写入，同时将当前像素点的颜色写入帧缓冲器。

6. 了解深度排序算法

深度排序算法也称为画家算法，通过对场景中的物体表面深度进行排序，先绘制离视点远的表面，再绘制离视点近的表面，从而实现消隐。如果表面之间出现深度交叉，则需要进行分割，使得每个表面有一个确定的深度值。

8.4 重点难点

教学重点：立方体线框模型算法、球体网格模型算法、背面剔除算法、组合物体算法。
教学难点：球体递归建模技术、Z-Buffer 算法、画家算法。

8.4.1 教学重点

1. 立方体线框模型算法

立方体为凸多面体，有 8 个顶点、6 个面。建立顶点表和表面表双表结构，顶点表定义立方体的 8 个顶点坐标，表面表定义立方体的表面内的顶点索引号。表面顶点索引号按外法矢量隐含的逆时针方向排列。循环访问立方体的 6 个表面，通过每个表面的顶点索引号找到相应的三维顶点。使用透视投影或者正交投影计算三维表面顶点的二维投影坐标，并使用直线段连接投影后的多边形顶点，得到二维多边形。

2. 球体网格模型算法

基于球面的参数方程，使用地理划分法细分球面，这是使用平面多边形逼近球面。分析细分后球面的网格顶点和小面内的网格顶点索引号，采用类似于多面体建模方法绘制球体网格模型。细分曲面体时，可以采用固定的细分点数推算，这样便于学生理解。例如，球面可以沿南北轴向分为 4 份，东西周向分为 8 份，成为 32 面体，然后再增加细分点数，绘制球面的网格模型。

3. 背面剔除算法

对于凸多面体，背面剔除算法可以剔除不可见表面，相当于省去一半的表面绘制工作量，有利于提高算法效率。我们知道，对于立方体，任何一个时刻，人眼只能看到 3 个表面。这是因为这 3 个表面朝向了视点。背面剔除算法首先计算物体表面的法矢量(法矢量向外)，然后建立物体表面上任意点与视点构成的视矢量(视矢量指向视点)，通过二者的点积计算可以判断表面是否可见。背面剔除算法的注意点为：①选择物体表面上的任意一点作为参考点，物体表面具有相同的法矢量，所以参考点的法矢量代表物体表面的法矢量。②用视点三维坐标减去参考点的三维坐标计算视矢量。③法矢量与视矢量进行单位化。④包含三维矢量类 CVector3，用成员函数 DotProduct()判断表面的可见性。

透视投影与正交投影都支持背面剔除算法。透视投影根据视点计算视矢量。正交投影中，视矢量设置为单位矢量{0,0,1}，沿着 z 轴指向观察者。

4. 组合体算法

组合体由多面体和曲面体组合而成。根据组合体的组成部分，设计相应的部件类。通过绘制部件类对象构造组合体。组合体仅使用每个原始部件的一部分构成，需要具体确定部件的大小范围。例如，图 8-1 所示的组合体“碗”由两个不同半径的半圆组成内外碗体，由 1/2 圆环与半球体边缘贴合构成圆形的碗边。

8.4.2 教学难点

图 8-1 组合体“碗”

1. 球体递归建模技术

使用地理划分法建立球体线框模型时，两极网格较小，离赤道越近，网格越大。旋转球体后露出了南北极点，破坏了球体的对称性，如图 8-2 所示。地理划分法除了用于绘制地球外，很难用于对称球体。

正二十面体是最接近球体的多面体。正二十面体有 12 个顶点，是 3 个黄金矩形的顶点。正二十面体有 20 个三角形表面。对于三角形表面，使用直线连接每条边的中点，结果一个正三角形表面就由 4 个小三角形表面代替，最后对每个等分点进行“球化”处理，将其拉到球面上。正二十面体根据不同的递归深度，对每个三角形小面进行依次递归，直到经度满足要求为止。此时球体不存在两极，每个小面均处于对等状态，可用于绘制对称球体。图 8-3 为正二十面体递归 4 次后的球体线框模型。

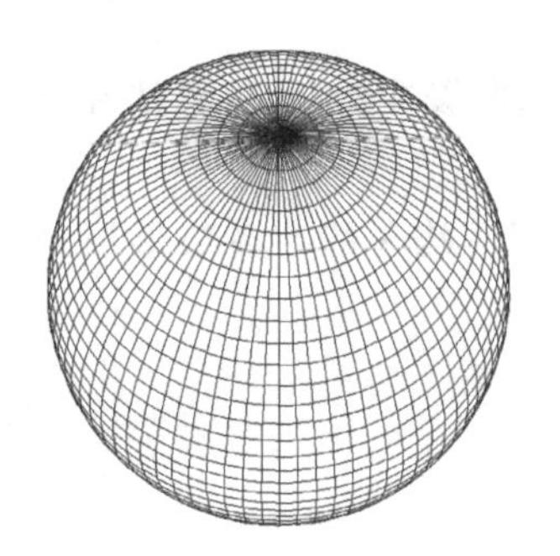

图 8-2 地理划分法绘制的球体极点

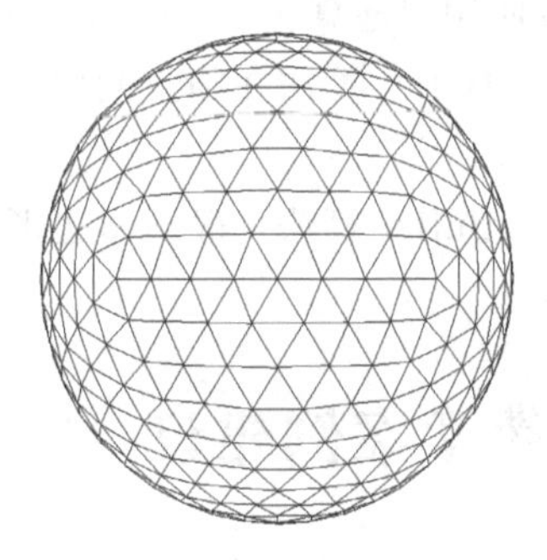

图 8-3 正二十面体递归 4 次后的球体线框模型

2. Z-Buffer 算法

Z-Buffer 算法需要建立两个缓冲器：一个是深度缓冲器，用于存储图像空间中每一像素的深度值，初始化为最大深度值(z 坐标)；另一个是帧缓冲器，用于存储图像空间中的每一像素的颜色值，初始化为屏幕的背景色。Z-Buffer 算法计算准备写入帧缓冲器当前像素的深度值，并与已经存储在深度缓冲器中的原可见像素的深度值进行比较。如果当前像素的深度值小于原可见像素的深度值，表明当前像素更靠近观察者且遮住了原像素，则将当前像素的颜色写入帧缓冲器，同时用当前像素的深度值更新深度缓冲器。否则，不进行更改。

3. 画家算法

画家算法通过建立深度优先级表，对物体背面进行深度排序。位于表头的表面深度值大，离视点远，先画；位于表尾的表面深度值小，离视点近，后画。后画的表面遮挡先画的表面，形成正确的消隐图。深度排序算法的难点在于确定物体表面的深度优先级。对于图 8-4 所示的交叉条，4 个矩形深度相互交叉。每个表面至少有两个深度，不能简单地建立深度优先级表。一种解决方法是：沿着图中的虚线循环分割每个矩形，直至最终可建立确定的深度优先级表；另一种解决方法是使用深度缓冲器算法直接绘制。

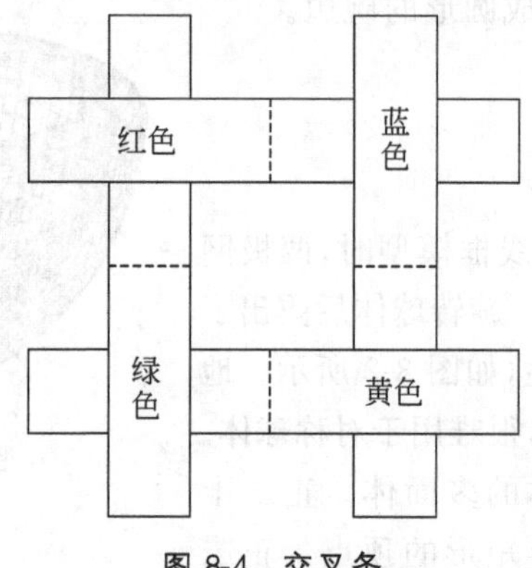

图 8-4　交叉条

Z-Buffer 算法与画家算法都可以对凹多面体进行消隐。使用二者之前，一般先使用背面剔除算法进行预处理。二者的区别如下。

(1) Z-Buffer 算法需要计算物体表面内每个像素点的深度值，需要建立表面的平面方程；画家算法仅需要对表面的顶点进行排序，如根据每个表面的最大 z 坐标进行排序，排序方法一般使用冒泡算法。

(2) Z-Buffer 算法在物空间中不排序，但需要建立深度缓冲器；画家算法在物空间中进行排序。

(3) Z-Buffer 算法一般与多边形填充算法合并；画家算法一般与多边形填充算法相互独立。

8.5　教学案例建议

立方体是多面体的代表，球体是二次曲面体的代表。建议重点讲解立方体的透视投影线框模型的旋转动画和地理划分球体的透视投影线框模型的旋转动画。

确定立方体的顶点表和表面表。立方体由平面构成，容易确定顶点和表面。顶点表给出立方体 8 个顶点的三维坐标。为了避免重复存储，表面表存储顶点的索引号。

确定球体的顶点表和表面表。球体需要使用有限元划分法(如地理划分法)将连续的二维曲面离散为多个多边形表面，用多面体近似表示曲面体。顶点表给出球体离散后的顶点三维坐标。同样，为了避免重复存储，表面表仅存储顶点的索引号，不存储顶点坐标。

无论是多面体，还是曲面体，只要循环访问每个表面，就可以绘制出物体的线框模型。对于凸物体，可以使用背面剔除算法进行预处理。

8.6　教学程序

设计立方体类 CCube，绘制立方体线框模型的二维投影，并使用背面剔除算法进行消隐。设计投影类 CProjection，实现正交投影与透视投影。立方体的透视投影如图 8-5 所示。

立方体的正交投影如图 8-6 所示。

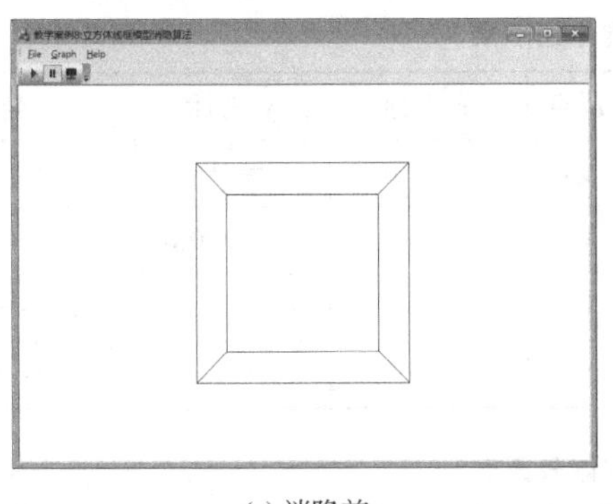

(a) 消隐前

(b) 消隐后

图 8-5 立方体的透视投影

(a) 消隐前

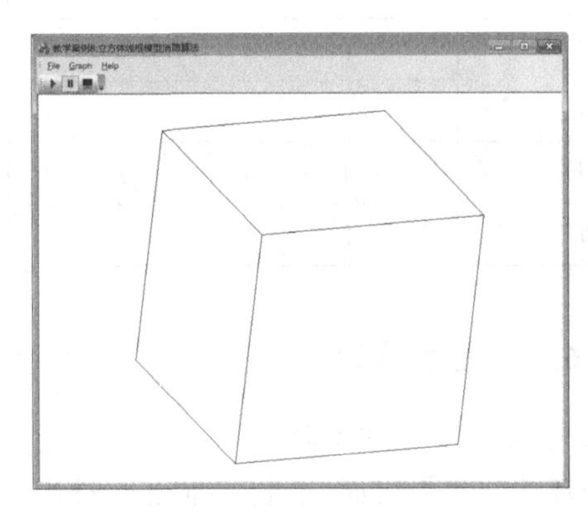

(b) 消隐后

图 8-6 立方体的正交投影

8.6.1 程序分析

本程序定义了单位立方体类 CCube,数据成员为顶点表和面表。成员函数为读入顶点表函数、读入表面表函数和绘制图形函数。在 CTestView 类中,调用 CCube 类对象绘制立方体的线框图形。按下"消隐"图标对立方体进行消隐。使用键盘方向键或"动画"图标按钮,播放或停止立方体的旋转动画。

8.6.2 立方体的几何模型

三维建模坐标系为右手系$\{O;x,y,z\}$,x 轴水平向右为正,y 轴垂直向上为正,z 轴指向观察者为正。假定立方体中心位于坐标系原点,立方体的边与坐标轴平行,如图 8-7 所示。立方体为单位立方体,使用双表结构表示,见表 8-1 和表 8-2。表 8-2 中,每个表面的索引号按围绕外法矢量的逆时针方向排序,也就

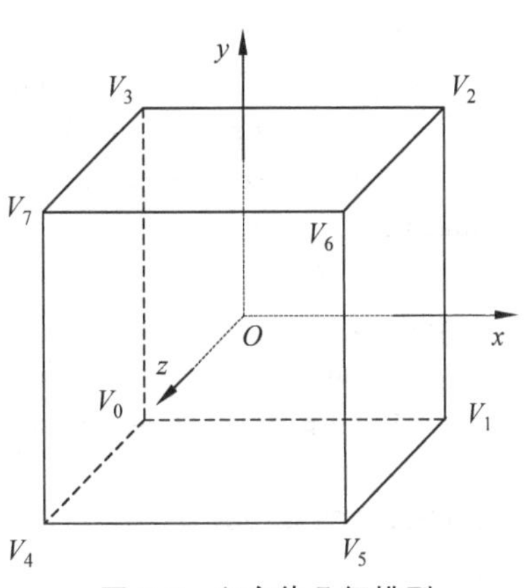

图 8-7 立方体几何模型

是定义了表面的外部。

表 8-1 立方体顶点表

顶点	x 坐标	y 坐标	z 坐标	顶点	x 坐标	y 坐标	z 坐标
V_0	$x_0=-0.5$	$y_0=-0.5$	$z_0=-0.5$	V_4	$x_4=-0.5$	$y_4=-0.5$	$z_4=+0.5$
V_1	$x_1=+0.5$	$y_1=-0.5$	$z_1=-0.5$	V_5	$x_5=+0.5$	$y_5=-0.5$	$z_5=+0.5$
V_2	$x_2=+0.5$	$y_2=+0.5$	$z_2=-0.5$	V_6	$x_6=+0.5$	$y_6=+0.5$	$z_6=+0.5$
V_3	$x_3=-0.5$	$y_3=+0.5$	$z_3=-0.5$	V_7	$x_7=-0.5$	$y_7=+0.5$	$z_7=+0.5$

表 8-2 立方体表面表

面	第 1 个顶点	第 2 个顶点	第 3 个顶点	第 4 个顶点	说明
F_0	4	5	6	7	前面
F_1	0	3	2	1	后面
F_2	0	4	7	3	左面
F_3	1	2	6	5	右面
F_4	2	3	7	6	顶面

8.6.3 程序设计

1）定义单位立方体类

循环访问每个表面，绘制三维表面投影的二维多边形，就可以绘制立方体的三维线框模型。

```
#include"Facet.h"
#include"Projection.h"
class CCube
{
public:
    CCube(void);
    virtual ~CCube(void);
    void Draw(CDC* pDC, BOOL bLineRemoval);                    //绘制图形
    void ReadVertex(void);                                     //读入点表
    void ReadFacet(void);                                      //读入面表
public:
    CP3 V[8];                                                  //点表
private:
    CFacet F[6];                                               //面表
    CProjection projection;                                    //投影
};
CCube::CCube(void)
{
}
```

```
CCube::~CCube(void)
{
}
void CCube::ReadVertex(void)                                  //点表
{
    V[0].x =-0.5, V[0].y =-0.5, V[0].z =-0.5;
    V[1].x =+0.5, V[1].y =-0.5, V[1].z =-0.5;
    V[2].x =+0.5, V[2].y =+0.5, V[2].z =-0.5;
    V[3].x =-0.5, V[3].y =+0.5, V[3].z =-0.5;
    V[4].x =-0.5, V[4].y =-0.5, V[4].z =+0.5;
    V[5].x =+0.5, V[5].y =-0.5, V[5].z =+0.5;
    V[6].x =+0.5, V[6].y =+0.5, V[6].z =+0.5;
    V[7].x =-0.5, V[7].y =+0.5, V[7].z =+0.5;
}
void CCube::ReadFacet(void)                                   //面表
{
    F[0].vNumber=4;F[0].vIndex[0]=4;F[0].vIndex[1]=5;F[0].vIndex[2]=6;F[0].
    vIndex[3]=7;
    F[1].vNumber=4;F[1].vIndex[0]=0;F[1].vIndex[1]=3;F[1].vIndex[2]=2;F[1].
    vIndex[3]=1;
    F[2].vNumber=4;F[2].vIndex[0]=0;F[2].vIndex[1]=4;F[2].vIndex[2]=7;F[2].
    vIndex[3]=3;
    F[3].vNumber=4;F[3].vIndex[0]=1;F[3].vIndex[1]=2;F[3].vIndex[2]=6;F[3].
    vIndex[3]=5;
    F[4].vNumber=4;F[4].vIndex[0]=2;F[4].vIndex[1]=3;F[4].vIndex[2]=7;F[4].
    vIndex[3]=6;
    F[5].vNumber=4;F[5].vIndex[0]=0;F[5].vIndex[1]=1;F[5].vIndex[2]=5;F[5].
    vIndex[3]=4;
}
void CCube::Draw(CDC* pDC, BOOL bLineRemoval)
{
    for(int nFacet =0; nFacet <6; nFacet++)                   //面循环
    {
        CVector3 ViewVector(V[F[nFacet].vIndex[0]], projection.Eye); //面的视矢量
        ViewVector =ViewVector.Normalize();                   //单位化视矢量
        F[nFacet].SetFacetNormal(V[F[nFacet].vIndex[0]],
        V[F[nFacet].vIndex[1]], V[F[nFacet].vIndex[2]]);
        F[nFacet].fNormal.Normalize();                        //单位化法矢量
        double dotproduct;
        if(!bLineRemoval)
            dotproduct =1;
        else
            dotproduct =DotProduct(ViewVector, F[nFacet].fNormal);
        if(dotproduct >=0)                                        //背面剔除
        {
```

```
            CP2 ScreenPoint,temp;
            for(int nVertex =0;nVertex <F[nFacet].vNumber; nVertex++)  //顶点循环
            {
                ScreenPoint =projection.PerspectiveProjection
                            (V[F[nFacet].vIndex[nVertex]]);            //投影
                if(0 ==nVertex)
                {
                    pDC->MoveTo(Round(ScreenPoint.x), Round(ScreenPoint.y));
                    temp =ScreenPoint;
                }
                else
                {
                    pDC->LineTo(Round(ScreenPoint.x), Round(ScreenPoint.y));
                }
            }
            pDC->LineTo(Round(temp.x), Round(temp.y));                 //闭合四边形
        }
    }
}
```

程序说明：顶点表和表面表是立方体的数据结构。绘制函数 Draw( ) 中的参数 bLineRemoval 用于对立方体进行消隐。CProjection 类对象 projection 用于三维投影。投影形式可以选择透视投影或者正交投影。如果绘制的是正交投影，则视点位于无穷远处，视矢量取为{0,0,1}。

2) 投影类

将正交投影、透视投影、斜投影封装到一个类内定义，仅改变投影函数名就可以改变投影类型。

```
#include "P3.h"
class CProjection
{
public:
    CProjection(void);
    virtual ~CProjection(void);
    void InitialParameter(void);
    CP2 PerspectiveProjection(CP3 WorldPoint);                //透视投影
    CP2 OrthogonalProjection(CP3 WorldPoint);                 //正交投影
    CP2 CavalierProjection(CP3 WorldPoint);                   //斜等测投影
    CP2 CabinetProjection(CP3 WorldPoint);                    //斜二测投影
public:
    CP3 Eye;                                                  //视点
private:
    double k[8];                                              //透视投影常数
    double R, Phi, Psi, d;                                    //视点球坐标位置
};
```

```
CProjection::CProjection(void)
{
    InitialParameter();
}
CProjection::~CProjection(void)
{
}
void CProjection::InitialParameter(void)                         //透视变换参数初始化
{
    R =1200, d =800, Phi =90.0, Psi =0.0;
    k[0] =sin(PI * Phi / 180);                                   //Phi 代表 φ
    k[1] =cos(PI * Phi / 180);
    k[2] =sin(PI * Psi / 180);                                   //Psi 代表 ψ
    k[3] =cos(PI * Psi / 180);
    k[4] =k[0] * k[2];
    k[5] =k[0] * k[3];
    k[6] =k[1] * k[2];
    k[7] =k[1] * k[3];
    Eye.x =R * k[4];                                             // Eye 代表视点
    Eye.y =R * k[1];                                             // R 为视径
    Eye.z =R * k[5];
}
CP2 CProjection::PerspectiveProjection(CP3 WorldPoint)           //透视投影
{
    CP3 ViewPoint;                                               //观察坐标系三维点
    ViewPoint.x =k[3] * WorldPoint.x -k[2] * WorldPoint.z;
    ViewPoint.y =-k[6] * WorldPoint.x +k[0] * WorldPoint.y -k[7] * WorldPoint.z;
    ViewPoint.z =-k[4] * WorldPoint.x -k[1] * WorldPoint.y -k[5] * WorldPoint.z
    +R;
    CP2 ScreenPoint;                                             //屏幕坐标系二维点
    ScreenPoint.x =d * ViewPoint.x / ViewPoint.z;
    ScreenPoint.y =d * ViewPoint.y / ViewPoint.z;
return ScreenPoint;
}
CP2 CProjection::OrthogonalProjection(CP3 WorldPoint)            //正交投影
{
    CP2 ScreenPoint;
    ScreenPoint.x =WorldPoint.x;
    ScreenPoint.y =WorldPoint.y;
    return ScreenPoint;
}
CP2 CProjection::CavalierProjection(CP3 WorldPoint)              //斜等测投影
{
    CP2 ScreenPoint;
    double Alpha =45 * PI / 180;
```

```
        ScreenPoint.x =WorldPoint.x -WorldPoint.z * cos(Alpha);
        ScreenPoint.y =WorldPoint.y -WorldPoint.z * cos(Alpha);
        return ScreenPoint;
    }
    CP2 CProjection::CabinetProjection(CP3 WorldPoint)            //斜二测投影
    {
        CP2 ScreenPoint;
        double Alpha =45 * PI / 180;
        ScreenPoint.x =WorldPoint.x -WorldPoint.z / 2 * cos(Alpha);
        ScreenPoint.y =WorldPoint.y -WorldPoint.z / 2 * cos(Alpha);
        return ScreenPoint;
    }
```

程序说明：投影类将三维点转换为二维点，可以完成正交投影、透视投影、斜等测投影、斜二测投影。

3）矢量类

为了剔除不可见面，需要确定表面的外法矢量，定义矢量类。

```
#include "P3.h"
class CVector3
{
public:
    CVector3(void);
    virtual ~CVector3(void);
    CVector3(double x, double y, double z);                      //绝对矢量
    CVector3(const CP3 &vertex);
    CVector3(const CP3 &Vertex0, const CP3 &Vertex1);            //相对矢量
    double Magnitude(void);                                      //计算矢量的模
    CVector3 Normalize(void);                                    //规范化矢量
    friend double DotProduct(const CVector3 &v0, const CVector3 &v1);
                                                                 //计算矢量的点积
    friend CVector3 CrossProduct(const CVector3 &v0, const CVector3 &v1);
                                                                 //计算矢量的叉积
public:
    double x,y,z;
};
CVector3::CVector3(void)
{
    x =0.0,y =0.0,z =1.0;                                        //指向z轴正向
}
CVector3::~CVector3(void)
{
}
CVector3::CVector3(double x, double y, double z)                 //绝对矢量
{
    this->x =x;
```

```
    this->y =y;
    this->z =z;
}
CVector3::CVector3(const CP3 &vertex)
{
    x =vertex.x;
    y =vertex.y;
    z =vertex.z;
}
CVector3::CVector3(const CP3 &Vertex0, const CP3 &Vertex1)      //相对矢量
{
    x =Vertex1.x -Vertex0.x;
    y =Vertex1.y -Vertex0.y;
    z =Vertex1.z -Vertex0.z;
}
double CVector3::Magnitude(void)                                //矢量的模
{
    return sqrt(x * x +y * y +z * z);
}
CVector3 CVector3::Normalize(void)                              //规范化为单位矢量
{
    CVector3 vector;
    double magnitude =sqrt(x * x +y * y +z * z);
    if(fabs(magnitude) <1e-4)
        magnitude =1.0;
    vector.x =x / magnitude;
    vector.y =y / magnitude;
    vector.z =z / magnitude;
    return vector;
}
double DotProduct(const CVector3 &v0, const CVector3 &v1)       //矢量的点积
{
    return(v0.x * v1.x +v0.y * v1.y +v0.z * v1.z);
}
CVector3 CrossProduct(const CVector3 &v0, const CVector3 &v1) //矢量的叉积
{
    CVector3 vector;
    vector.x =v0.y * v1.z -v0.z * v1.y;
    vector.y =v0.z * v1.x -v0.x * v1.z;
    vector.z =v0.x * v1.y -v0.y * v1.x;
    return vector;
}
```

程序说明：三维矢量类用于根据表面的顶点坐标计算表面的法矢量，主要运算有矢量的点积和叉积。

4）初始化立方体

借助几何变换，将立方体导入三维场景中。

```
CTestView::CTestView()
{
    // TODO: add construction code here
    Alpha =0.0, Beta =0.0;
    bPlay =FALSE;
    bRemoval =FALSE;
    cube.ReadVertex();
    cube.ReadFacet();
    nEdge =400;
    transform.SetMatrix(cube.V, 8);
    transform.Scale(nEdge, nEdge ,nEdge);
}
```

程序说明：cube 是立方体 Cube 类的对象。设立方体的边长为 400，立方体的比例放大是通过三维几何变换类 CTransform3 的对象 transform 实现的。如果在 transform 的 Scale 方法中赋予不同的参数，可以绘制出长方体。例如，transform.Scale(nEdge，nEdge/2，nEdge/3)的绘制效果如图 8-8 所示。

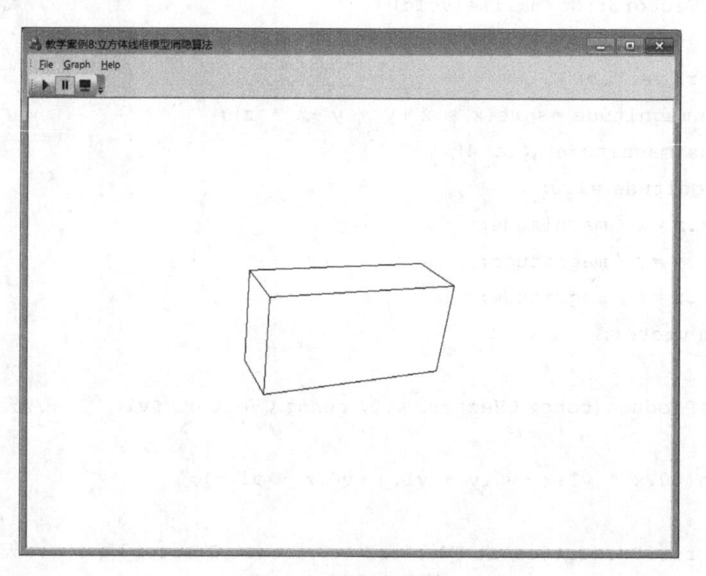

图 8-8　绘制长方体

5）绘制立方体

在 CTestView 类内，通过双缓冲函数调用立方体类的 Draw()方法绘制立方体旋转动画。

```
void CTestView::DrawObject(CDC * pDC)
{
   cube.Draw(pDC, bRemoval);
}
```

程序说明：调用 Cube 类对象 cube 的 Draw()方法，在视图类中绘制立方体。通过设置不同的 Cube 类对象，可以在视图类中绘制多个立方体。

8.6.4 程序总结

本程序通过建立立方体类，详细讲解了使用边界表示法建立立方体线框模型的步骤。立方体的旋转动画是通过三维变换实现的。立方体的消隐使用了背面剔除算法。在绘制正交投影时，不仅要将投影方式设置为 OrthogonalProjection，而且要将立方体的视矢量设置为{0,0,1}。

8.7 课外作业

请课后完成第 3、4、6～8 题。习题解答参见《计算机图形学基础教程(Visual C++ 版)》(第 3 版)。在完成习题的情况下，可以继续学习《计算机图形学基础教程(Visual C++ 版)》(第 3 版)的习题拓展部分，并完成第 2、4、5 题。

第9章　光照模型

光照模型在包括视点和光源的三维场景中描述。第8章中讲解物体表面模型的消隐算法时，物体顶点的颜色是自定义的。这种直接赋值顶点颜色的方法，很难模拟物体顶点间颜色的细微变化。本章将借助光学物理定律，通过计算物体材质与光源的交互作用确定物体顶点的颜色，从而绘制物体的真实感图形。本章重点介绍在点光源的照射下，为三维物体的表面添加材质属性以及设置光源的方法。通过设计光照类CLighting，可以计算物体各顶点的光强。对于Gouraud明暗处理方法，计算的是多边形内各点的光强；对于Phong明暗处理方法，计算的是多边形内各点的法矢量。本章首先引入计算机图形学中常用的3种颜色模型，然后讲解简单光照模型和局部光照模型，最后介绍简单透明算法和简单阴影算法。

9.1　知识点

(1) 三维场景：一般包括光源、物体和观察者3个对象，观察者观察光源照射下的物体，所得结果在屏幕上成像。

(2) 颜色模型：是基于人眼对色彩感知的度量建立的数学模型。常见的模型有RGB、HSV和CMY。

(3) 简单光照模型：光源为点光源，入射光仅由红、绿、蓝3种不同波长的光组成；物体为非透明物体，物体表面呈现的颜色仅由反射光决定，不考虑透射光的影响；反射光被细分为漫反射光和镜面反射光两种。简单光照模型只考虑物体对直接光照的反射作用，而物体之间的反射用环境光统一表示。

(4) 高光指数：Phong指数也称为高光指数，反映了物体表面的光滑程度。对于光滑的金属表面，n取值较大，高光斑点较小；对于粗糙的非金属表面，n取值较小，高光斑点较大。

(5) 中分矢量：中分矢量取为单位光矢量和单位视矢量的平分矢量。中分矢量的方向是最大镜面反射光强方向

(6) Gouraud光强插值：先计算多边形各顶点的平均法矢量，然后调用简单光照模型计算各顶点的光强，多边形内部各点的光强则通过对多边形顶点光强的双线性插值得到。

(7) Phong法矢插值：首先计算多边形各顶点的平均法矢量，然后使用双线性插值计算多边形内部各点的法矢量，最后使用多边形网格上各点的法矢量调用简单光照模型计算其获得的光强。

(8) 双向反射函数：指任何方向的反射光不仅是反射光方向的函数，而且是入射光方向的函数。

(9) 本影和半影：在多点光源照射下，光线完全被遮挡的阴影是本影，部分光线被遮挡的阴影是半影。

9.2 教学时数

本章理论教学时数为 6 学时,实验时数为 4 学时。详细讲解内容为:RGB 颜色模型、Blinn-Phong 简单光照模型、Gouraud 明暗处理、Phong 明暗处理、Cook-Torrance 局部光照模型等。粗略讲解内容为:HSV 颜色模型、聚光灯算法、简单透明算法、简单阴影算法等。

实验题目 1:球体 Gouraud 光滑着色模型。在场景的右上方布置一个白色光源。假设视点位于屏幕正前方,球体的材质为不透明的“红宝石”。球面使用地理划分线法进行细分,基于 Gouraud 明暗处理算法制作球的表面模型着色动画。

实验题目 2:球体 Phong 光滑着色模型。在场景的右上角布置一个白色光源,视点位于屏幕正前方。球面使用地理划分线法进行细分,材质为“红宝石”。基于 Phong 明暗处理模型绘制单光源照射的光照球面。

9.3 教学目标

简单光照模型主要讲解光源和材质的交互作用。由于该模型假定镜面反射光的颜色与入射光的颜色相同,绘制的物体看上去更像塑料制品。局部光照模型基于微面元理论建立物体的高光模型,认为镜面反射光与微面元的概率分布相关,可以产生磨沙效果。本章的核心内容是如何在三维场景中计算物体表面多边形顶点获得的光强,以及如何计算顶点的点法矢量。

1. 了解颜色模型

颜色模型就是描述用一组数值描述颜色的数学模型,最常见的是 RGB 颜色模型,通过红、绿、蓝三原色的变化以及相互叠加得到各种颜色,属于加色模型。RGB 颜色模型是发光体的模型,计算机中颜色由电子枪或者背光灯发出,默认情况下屏幕的颜色为黑色;HSV 是人们口语中所说的颜色模型,如赤橙黄绿青蓝紫,在计算机中使用时,需先转换为 RGB 模型;CMY 是由于油墨吸收入射光后的反射模型,也称为减色模型。CMY 是印刷机使用的颜色模型。默认情况下,纸张的颜色为白色。

2. 实现 Blinn-Phong 光照模型算法

Blinn-Phong 模型主要包括材质类 CMaterial、光源类 CLightSource 类和光照类 CLighting。材质类负责设置材质的漫反射率、镜面反射率和高光指数;光源类负责设置光源的颜色、衰减因子,以及光源的位置和光源的开关状态;光照类负责设置环境光、点光源数量,并计算物体上一点获得的光强。

3. 实现 Cook-Torrance 光照模型算法

Cook-Torrance 模型将表面的粗糙度引入光照模型中,表明镜面反射光的颜色与物体表面的材质属性有关。Cook-Torrance 模型使用微面元的分布函数表示高光。

4. 了解简单透明算法

简单透明算法不考虑折射导致的路径平移,即假设各个物体的折射率保持不变。简单透明算法分为线性算法和非线性算法。线性算法考虑了物体各个表面之间的光强插值。非线性算法考虑了曲面体轮廓边界上的光强不断衰减现象。

5. 了解简单阴影算法

阴影是光源“看”不见，而视点看得见的地方。两步阴影算法一次从光源角度，一次从视点角度，用同样的方法对物体进行二次消隐确定自身阴影与投射阴影。

9.4 重点难点

教学重点：三维场景、RGB 颜色模型、完全镜面反射与不完全镜面反射、简单光照模型、Gouraud 明暗处理、Phong 明暗处理。教学难点：基于物理的光照模型、透明处理、投射阴影。

9.4.1 教学重点

1. 三维场景

三维场景建立于世界坐标系中，一般包括光源、物体和观察者 3 个对象，如图 9-1 所示。观察者用视点观察光源照射下的三维物体，所得结果在屏幕上二维成像。物体在建模坐标系中建模，由建模坐标系导入世界坐标系中进行装配或者显示。常使用三维变换设置物体的初始位置。默认情况下，物体的几何中心与世界坐标系原点重合，视点位于屏幕前方，光源位于场景的右前方。光源发射白光，物体的材质为“红宝石”。

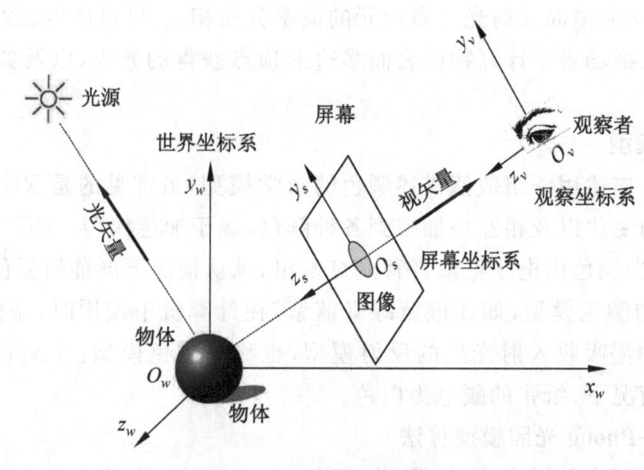

图 9-1 三维场景架构

2. RGB 颜色模型

RGB 颜色模型是显示器的物理模型，无论软件开发中使用何种颜色模型，只要是绘制到显示器上的图像，最终都是以 RGB 颜色模型表示的。

RGB 颜色模型可以用一个三维单位立方体表示，如图 9-2 所示。若规范化 R、G、B 分量到区间[0,1]，则定义的颜色位于 RGB 立方体内部。原点(0, 0, 0)代表黑色，顶点(1,1,1)代表白色。坐标轴上的 3 个立方体顶点(1,0,0)、(0,1,0)、(0,0,1)分别表示 RGB 三原色——红、绿、蓝；余下的 3 个顶点(1,0,1)、(1,1,0)、(0,1,1)表示三原色的补色品红、黄色、青色。立方体对角线上的颜色是互补色。在立方体的主对角线上，颜色从黑色过渡到白色，各原色的变化率相等，产生了由黑到白的灰度变化，称为灰度色。灰度色是指纯黑、纯白以及两者中的一系列从黑到白的过渡色。灰度色中不包含任何色调。例如，(0,0,0)代表黑色，(1,1,1)代表白色，而(0.5,0.5,0.5)代表其中一个灰度。只有当R、G、B三原色的变化率不同步时，才会出现彩色。在计算机上进行颜色设计时，一般选择RGB宏表示颜色。每个原色分量用一个字节表示，最大强度为255，最小强度为0，各有256级亮度。RGB颜色总共能组合出 $2^{24}=16\ 777\ 216$ 种颜色，通常称为千万色或24位真彩色。

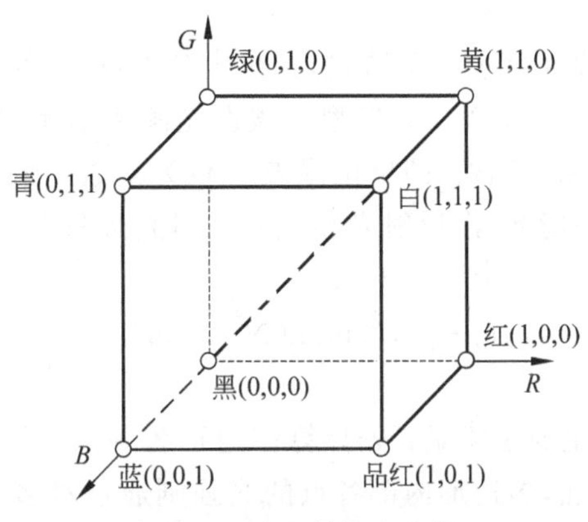

图 9-2　RGB 单位立方体

3. 完全镜面反射与不完全镜面反射

当入射光线在镜面方向上被反射，而没有散射时出现完全镜面反射，如图9-3所示。当入射光线照射到不光滑的镜面上时，出现不完全镜面反射，如图9-4所示。Phong通过 $\cos^n\alpha$ 控制不完全镜面反射的波束形状，随着 n 的增加，不完全镜面反射逐渐趋向完全镜面反射。

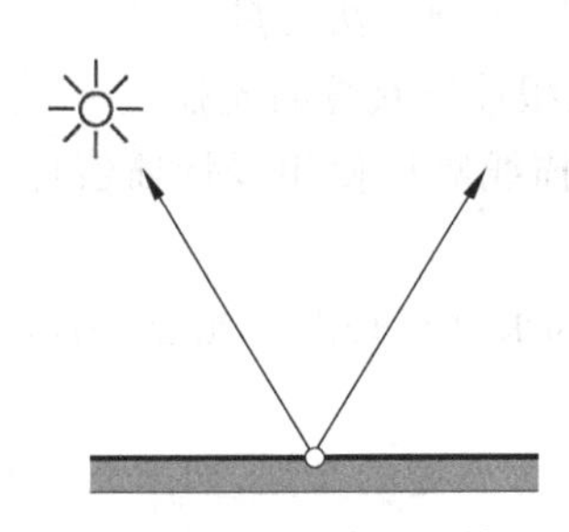

图 9-3　完全镜面反射

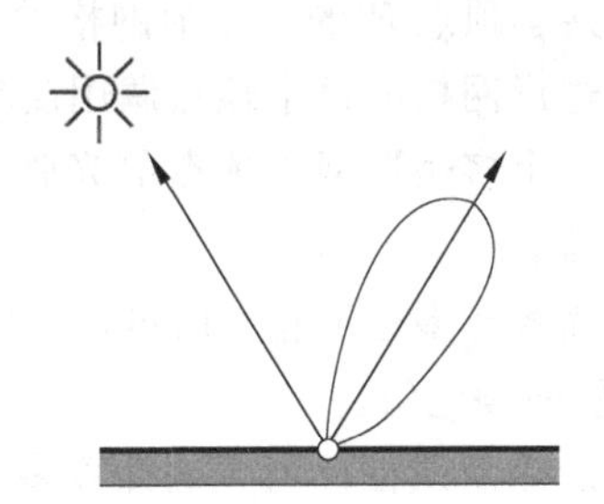

图 9-4　不完全镜面反射

4. 简单光照模型

Phong模型认为来自一个表面的反射光由环境光、漫反射光和镜面反射光组成。环境光是一个常数项，是全局光照或者局部光照的一种模拟。

$$I_e = k_a I_a$$

式中，I_a 表示来自周围环境的入射光强；k_a 为材质的环境反射率。

一个理想漫反射体表面上反射出的漫反射光强同入射光与物体表面法线之间夹角的余弦成正比。物体上一点 P 的漫反射光光强 I_d 表示为

$$I_d = k_d I_p \cos\theta$$

式中，I_p 为点光源发出的入射光强；k_d 为材质的漫反射率；θ 为入射光与物体表面法矢量之

间的夹角，称为入射角。

物体上一点 P 的镜面反射光的光强 I_s 表示为

$$I_s = k_s I_p \cos^n \alpha$$

式中，I_p 为点光源发出的入射光强；k_s 为材质的镜面反射率；镜面反射光光强与 $\cos^n \alpha$ 成正比，$\cos^n \alpha$ 近似描述了镜面反射光的空间分布。n 为材质的高光指数，反映了物体表面的光滑程度。

Blinn 对 Phong 模型做了实质性的改进，指出中分矢量 H 的方向是最大镜面反射光方向。这个改进的模型称为 Blinn-Phong 模型。假设光源位于无穷远处，即单位入射光矢量 L 为常数。假设视点位于无穷远处，即单位视矢量 V 为常数。Blinn 用 $N \cdot H$ 代替 $R \cdot V$。物体上一点 P，综合考虑环境光、漫反射光和镜面反射光且只有一个点光源的 Blinn-Phong 模型为

$$I = I_e + I_d + I_s = k_a I_a + k_d I_p \max(N \cdot L, 0) + k_s I_p \max(N \cdot H, 0)^n$$

5. Gouraud 明暗处理

Gouraud 明暗处理的主要思想是：先计算多边形各顶点的平均法矢量，然后调用简单光照模型计算各顶点的光强，多边形内部各点的光强则通过对多边形顶点光强的双线性插值得到。Gouraud 明暗处理的实现步骤如下。

(1) 计算多边形顶点的平均法矢量。

$$N = \frac{\sum_{i=0}^{n-1} \vec{N}_i}{\left| \sum_{i=0}^{n-1} \vec{N}_i \right|}$$

上式中，N_i 为共享顶点 P 的多边形网格的法矢量，N 为顶点法矢量。

(2) 对多边形网格的每个顶点调用简单光照模型计算获得的光强。

(3) 根据每个多边形网格顶点的光强，按照扫描线顺序使用线性插值计算多边形网格边上每点的光强。

(4) 在扫描线与多边形相交跨度内，使用线性插值计算每点的光强，然后再将光强分解为 RGB 三原色的颜色值。

Gouraud 采用双线性插值算法计算多边形内一点 f 处的光强，如图 9-5 所示。

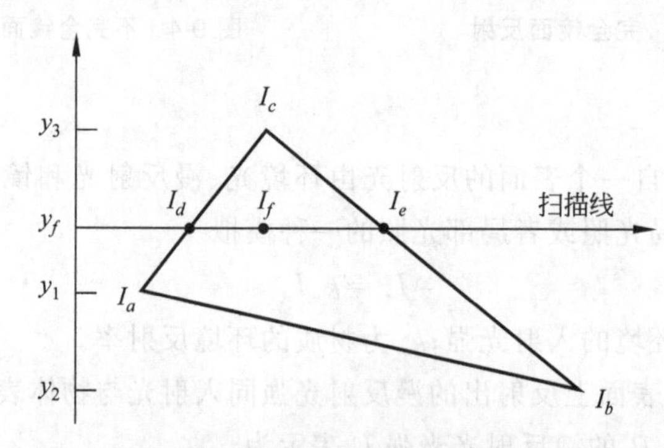

图 9-5 光强的双线性插值

基于 Gouraud 明暗处理渲染多边形时，仅计算三角形顶点的光强，三角形内部的光强使用

双线性插值计算。Gouraud 明暗处理算法简单，计算量小，但会产生明显的马赫带效应。

6. Phong 明暗处理

Phong 明暗处理首先计算多边形网格的每个顶点的平均法矢量，然后使用双线性插值计算多边形内部各点的法矢量，最后使用多边形内各点的法矢量调用简单光照模型计算其获得的光强。Phong 明暗处理的实现步骤如下。

(1) 计算多边形顶点的平均法矢量。

$$N = \frac{\sum_{i=0}^{n-1} \vec{N}_i}{\left| \sum_{i=0}^{n-1} \vec{N}_i \right|}$$

式中，N_i 为共享顶点的多边形网格的法矢量，N 为平均法矢量。

(2) 双线性插值计算多边形内部各点的法矢量。

Phong 采用双线性插值计算多边形内一点 f 处的法矢量，如图 9-6 所示。

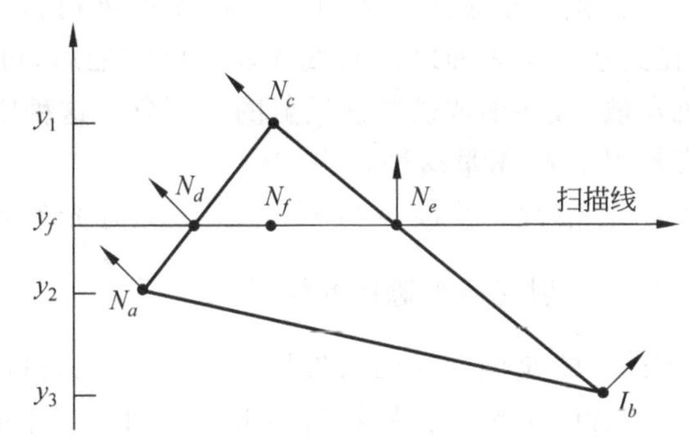

图 9-6 Phong 双线性法矢插值模型

基于 Phong 明暗处理渲染多边形时，不仅调用光照模型计算三角形顶点的光强，而且计算三角形内每点的光强。Phong 明暗处理虽然计算工作量大，但可以产生正确的高光。

9.4.2 教学难点

1. 基于物理的光照模型

在 Phong 于 1975 年提出其模型之后的两年，Blinn 发表了他的文章，阐述了如何在计算机图形学中使用基于物理的镜面反射分量。1982 年，Cook 和 Torrance 将这一模型扩展到高光的光谱合成，即高光材料及光线的入射角之间的关系。与用 Phong 模型获得的结果相比，这些模型在高光的大小和颜色上产生了细微的变化。模型仍然把反射光分为漫反射光和镜面反射光，但注意力完全集中到镜面反射部分。漫反射部分的计算仍沿用 Phong 模型。

$$I_{c-t} = I_d + I_s = k_d I_p R_d + k_s I_p R_s$$

式中，I_{c-t} 是 Cook-Torrance 模型的反射光强；I_d 是漫反射光强；I_s 是镜面反射光强，其中 R_s 是镜面反射项。

这个模型最适合绘制闪光的金属表面。微面元理论将粗糙物体表面看作由无数微小的镜面组成。这些镜面朝向各异，随机分布。

在 Cook-Torrance 模型中，R_s 的计算公式为

$$R_s = \frac{F}{\pi} \times \frac{D \times G}{(N \cdot L)(N \cdot V)}$$

式中，F 为用 Fresnel 方程计算出的 Fresnel 项，描述每个微面元的反射光与入射光之间的关系。D 为微面元的分布函数，只有法向取 H 的微面元才对镜面反射光有贡献。G 为几何衰减因子，代表微面元之间的遮挡效果。N 为单位法矢量，L 为单位光矢量，V 为单位视矢量，H 为单位半角矢量。F 可以表达为

$$F = f_0 + (1 - f_0)(1 - \cos\theta)^5 = f_0 + (1 - f_0)(1 - V \cdot H)^5$$

式中，f_0 为入射角度接近 0°时（光线垂直反射时）的 Fresnel 反射率，即 $\cos\theta = 1$。

建立一个统计函数 D 描述微面元的反射光方向。

$$D = \frac{1}{k^2 \cos^4\alpha} e^{-\left[\frac{\tan\alpha}{k}\right]^2}$$

式中，k 是用于度量表面的粗糙程度的微面元的斜率。当 k 很小时，微面元只是轻微偏离平面的法线，表面较光滑，反射光具有很高的方向性；当 k 很大时，微面元的倾斜度很大，表面较粗糙，反射光线发散。α 是顶点法矢量 N 和中分矢量 H 的夹角。

微面元上的入射光在到达一个表面之前或被该表面反射之后，可能会被相邻的微面元阻挡，未被遮挡的光随机发散，最终形成表面漫反射的一部分。这种阻挡会造成镜面反射的轻微昏暗，可以用几何衰减因子 G 衡量这种影响。

对于光线没有被遮挡的情况，令 $G = 1$；对于部分反射光线被遮挡的情况，$G_m = \frac{2(N \cdot H)(N \cdot V)}{V \cdot H}$；对于部分入射光线被遮挡的情况，$G_s = \frac{2(N \cdot H)(N \cdot L)}{V \cdot H}$。

式中，N 是表面的法矢量，H 是微面元的法矢量，L 是入射光矢量，V 是视矢量。实际应用中，G 被定义为：到达观察者的光的最小强度，即 G 取为 3 种情况中的衰减因子的最小值

$$G = \min\{1, G_m, G_s\} = \min\left\{1, \frac{2(N \cdot H)(N \cdot V)}{V \cdot H}, \frac{2(N \cdot H)(N \cdot L)}{V \cdot H}\right\}$$

Cook-Torrance 光照模型的 R_s 表示为

$$R_s = \frac{f_0 + (1 - f_0)(1 - V \cdot H)^5}{\pi} \times \frac{\frac{1}{k^2 (N \cdot H)^4} e^{\frac{(N \cdot H)^2 - 1}{k^2 (N \cdot H)^2}}}{(N \cdot L)} \times \frac{\min\left(1, \frac{2(N \cdot H)(N \cdot V)}{V \cdot H}, \frac{2(N \cdot H)(N \cdot L)}{V \cdot H}\right)}{(N \cdot V)}$$

简单光照模型的高光与材质无关，局部光照模型的高光颜色由材质的物理属性决定。局部光照模型能产生更准确的高光，而且更具有理论基础。

2. 透明处理

简单透明算法分为线性算法与非线性算法。线性算法为

$$I = (1 - t) I_a + t I_b$$

式中，I_a 为视线与物体 A 交点处的光强，I_b 为视线与物体 B 交点处的光强。t 为透明度，其值通常取自 CRGBA 类的 alpha 分量。

线性算法既不考虑折射导致的路径平移，也不考虑光线在介质中传播的路径长度对光强的影响，同时假定各物体之间的折射率保持不变。这样折射角总与入射角相同，可以模拟雾效果，如图 9-7 所示。

图 9-7　线性雾效果图

线性算法在绘制曲面轮廓边界时非常不准确，并不适合模拟曲面体，这是因为线性算法中穿过物体的光强不与材料的厚度成比例。Kay 和 Greenberg 为了模拟发生在薄曲面体轮廓边界上的光强不断衰减现象，提出了一种基于曲面法矢量的 z 分量的非线性近似算法，透明度t 取为

$$t=t_{\min}+(t_{\max}-t_{\min})(1-(1-|n_z|)^p)$$

式中，$t_{\min}$和 $t_{\max}$为物体上的最小透明度和最大透明度。n_z为曲面单位法矢量的 z 分量，即伪深度(该值也用于着色计算)，必须保证 n_z为正值。p 为幂指数，一般取值为 2～3。

需要注意的是，透明算法不能直接结合到 Z-Buffer 算法中。标准 Z-Buffer 算法按照任意顺序处理物体的表面，且只保留最前面物体的表面信息。将透明算法直接引入 Z-Buffer 算法中比较困难，需要对 Z-Buffer 算法进行改进。

3. 投射阴影

阴影算法与可见面算法相似。可见面算法是从视点位置判定哪些表面可见，而阴影算法是从光源位置判定哪些表面可见。因此，可见面算法与阴影算法本质上一致。从光源处可见的表面不处在阴影区域内，而从光源处不可见的表面处在阴影区域内。1978 年，Atherton、Weiler 和 Greenberg 提出用可见面判定方法生成阴影的算法。一次从光源，一次从视点，用同样的方法对物体进行两次消隐。对于处于阴影区域内的多边形，光强只计算环境光一项；对于未处于阴影区域内的多边形，用正常的光照模型计算光强。在简单光照模型中加入阴影效果，方程变为

$$I=k_aI_a+\sum_{i=0}^{n-1}s_if(d_i)[k_dI_{p,i}\max(N\cdot L,0)+k_sI_{p,i}\max(N\cdot H,0)^n]$$

式中，$s_i=\begin{cases}0, & \text{此点从光源处不可见}\\1, & \text{此点从光源处可见}\end{cases}$。

9.5　教学案例建议

光照模型的重点内容是简单光照模型。首先讲解 CMaterial 材质类、CLightSource 光源类、CLighting 光照类，进而讲解光源衰减、光强用 RGB 分量表示的方法。

(1) 建议制作球体的 Gouruad 光滑着色模型和 Phong 光滑着色模型。

(2) 建议制作立方体的 Gouraud 和 Phong 光滑着色模型。

制作物体的光照效果时，需要使用三角形填充算法填充每个三角形网格，建议使用边标志算法进行填充。因为三角形填充是计算机图形学中的难点技术，也建议教师先制作光照球体或者立方体线框模型学习光照技术。

9.6 教学程序

设计立方体类 CCube，绘制光照立方体线框模型的透视投影。立方体的边界线宽度为5个像素，基于中点算法开发 CLine 类，直线颜色为顶点颜色的线性插值结果。设计材质类 CMaterial、光源类 CLightSource 和光照类 CLighting，根据光照条件计算每个顶点获得的光强。立方体线框模型的光照效果如图 9-8 所示。

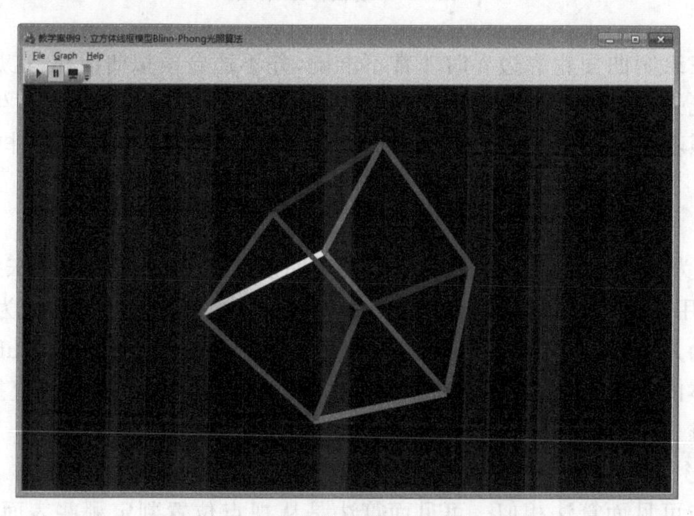

图 9-8 立方体线框模型的光照效果

9.6.1 程序分析

光照模型主要建立在表面模型基础上讲解。表面模型涉及多边形填充算法，而填充算法是学习的难点。本案例将光照模型移植到线框模型上，即绘制所谓的光照线框模型，以便学生尽快掌握简单光照的基本原理和算法。本案例定义了单位立方体类 CCube，数据成员为顶点表和面表。成员函数为读入顶点表函数、读入表面表函数和绘制图形函数。

立方体线框模型使用基于中点算法设计的 CLine 类绘制，线框的宽度为5像素。线框顶点的颜色通过调用光照类得到。

基于简单光照模型设计了光源类、材质类和光照类。光源类定义光源的颜色，材质类定义反射率，光照类计算光源照射材质产生的光强。

9.6.2 程序设计

1. 颜色渐变直线类

基于中点算法设计 CLine 类，类的成员函数为 MoveTo() 和 LineTo()。MoveTo() 函数移动当前位置到直线的起点。LineTo() 函数从起点向终点绘制颜色渐变直线。

```
class CLine
{
public:
    CLine(void);
    virtual ~CLine(void);
    void MoveTo(CDC* pDC, CP2 p0);                            //移动到指定位置
    void MoveTo(CDC* pDC, double x0, double y0);              //重载函数
    void MoveTo(CDC* pDC, double x0, double y0, CRGBA c0); //重载函数
    void LineTo(CDC* pDC, CP2 p1);                            //绘制直线,不含终点
    void LineTo(CDC* pDC, double x1, double y1);              //重载函数
    void LineTo(CDC* pDC, double x1, double y1, CRGBA c1); //重载函数
    CRGBA LinearInterp(double t, double tStart, double tEnd, CRGBA iStart, CRGBA
    iEnd);                                                    //光强线性插值
    void XBrush(CDC* pDC, CP2 p);                             //X方向画刷
    void YBrush(CDC* pDC, CP2 p);                             //Y方向画刷
private:
    CP2 P0;                                                   //起点
    CP2 P1;                                                   //终点
    int nLineWidth;                                           //线宽
};
CLine::CLine(void)
{
    nLineWidth =5;
}
CLine::~CLine(void)
{}
void CLine::MoveTo(CDC* pDC, CP2 p0)                          //绘制直线起点函数
{
    P0 =p0;
}
void CLine::MoveTo(CDC* pDC, double x0, double y0)            //重载函数
{
    P0 =CP2(x0, y0, CRGBA(0.0, 0.0, 0.0));
}
void CLine::MoveTo(CDC* pDC, double x0, double y0, CRGBA c0)   //重载函数
{
    P0 =CP2(x0, y0, c0);
}
void CLine::LineTo(CDC* pDC, CP2 p1)                          //绘制直线终点函数
{
    P1 =p1;
    CP2 p,t;
    CRGBA clr =P0.c;                                          //直线颜色取为起点颜色
    if(fabs(P0.x -P1.x) <1e-4)                                //绘制垂线
    {
```

```
        if(P0.y >P1.y)                                    //交换顶点,使得起始点低于终点
        {
            t =P0, P0 =P1, P1 =t;
        }
        for(p =P0;p.y <P1.y;p.y++)
        {
            p.c =LinearInterp(p.y, P0.y, P1.y, P0.c, P1.c);
            COLORREF clr =RGB(p.c.red * 255, p.c.green * 255, p.c.blue * 255);
            XBrush(pDC, p);
        }
    }
    else
    {
        double k, d;                                              //斜率 k 与误差项 d
        k = (P1.y -P0.y) / (P1.x -P0.x);
        if (k >1.0)                                               //绘制 k>1 直线
        {
            if (P0.y >P1.y)
            {
                t =P0;P0 =P1;P1 =t;
            }
            d =1 -0.5 * k;
            for (p =P0;p.y <P1.y;p.y++)
            {
                p.c =LinearInterp(p.y, P0.y, P1.y, P0.c, P1.c);
                XBrush(pDC, p);
                if(d >=0)
                {
                    p.x++;
                    d +=1 -k;
                }
                else
                    d +=1;
            }
        }
        if (0.0 <=k && k <=1.0)                                   //绘制 0≤k≤1 直线
        {
            if(P0.x >P1.x)
            {
                t =P0;
                P0 =P1;
                P1 =t;
            }
            d =0.5 -k;
```

```
    for (p =P0; p.x <P1.x; p.x++)
    {
        p.c =LinearInterp(p.x, P0.x, P1.x, P0.c, P1.c);
        YBrush (pDC, p);
      if (d <0)
        {
            p.y++;
            d +=1 -k;
        }
        else
            d -=k;
    }
}
if (k >=-1.0 && k <0.0)                                     //绘制-1≤k<0 直线
{
    if (P0.x >P1.x)
    {
        t =P0;P0 =P1;P1 =t;
    }
    d =-0.5 -k;
    for (p =P0; p.x <P1.x; p.x++)
    {
        p.c =LinearInterp(p.x, P0.x, P1.x, P0.c, P1.c);
        YBrush (pDC, p);
      if(d >0)
        {
            p.y--;
            d -=1 +k;
        }
        else
            d -=k;
    }
}
if (k <-1.0)                                                //绘制 k<-1 直线
{
    if (P0.y <P1.y)
    {
        t =P0;P0 =P1;P1 =t;
    }
    d=-1 -0.5 * k;
    for (p =P0; p.y >P1.y; p.y--)
    {
        p.c =LinearInterp(p.y, P0.y, P1.y, P0.c, P1.c);
        XBrush(pDC, p);
```

```
            if(d < 0)
            {
                p.x++;
                d -= 1 + k;
            }
            else
                d -= 1;
        }
    }
  }
  P0 = p1;
}
void CLine::LineTo(CDC * pDC, double x1, double y1)          //重载绘制直线终点函数
{
    LineTo(pDC, CP2(x1, y1, CRGBA(00, 0.0, 0.0)));
}
void CLine::LineTo(CDC * pDC, double x1, double y1, CRGBA c1)
                                                            //重载绘制直线终点函数
{
    LineTo(pDC, CP2(x1, y1, c1));
}
CRGBA CLine:: LinearInterp(double t, double tStart, double tEnd, CRGBA iStart,
CRGBA iEnd)                                                 //线性插值
{
    CRGBA Intensity;
    Intensity = (tEnd - t) / (tEnd - tStart) * iStart + (t - tStart) / (tEnd - tStart)
* iEnd;
    return Intensity;
}
void CLine::XBrush(CDC * pDC, CP2 p)                        //x 方向画刷
{
    for(int loop = -nLineWidth; loop <= nLineWidth; loop++)
        pDC->SetPixelV(Round(p.x) - loop, Round(p.y),
RGB(p.c.red * 255, p.c.green * 255, p.c.blue * 255));
}
void CLine::YBrush(CDC * pDC, CP2 p)                        //y 方向画刷
{
    for(int loop = -nLineWidth; loop <= nLineWidth; loop++)
        pDC->SetPixelV(Round(p.x), Round(p.y) - loop,
RGB(p.c.red * 255, p.c.green * 255, p.c.blue * 255));
}
```

程序说明：XBrush()函数代表宽度在 x 方向的画刷，如图 9-9 所示。YBrush()函数代表宽度在 y 方向的画刷，如图 9-10 所示。

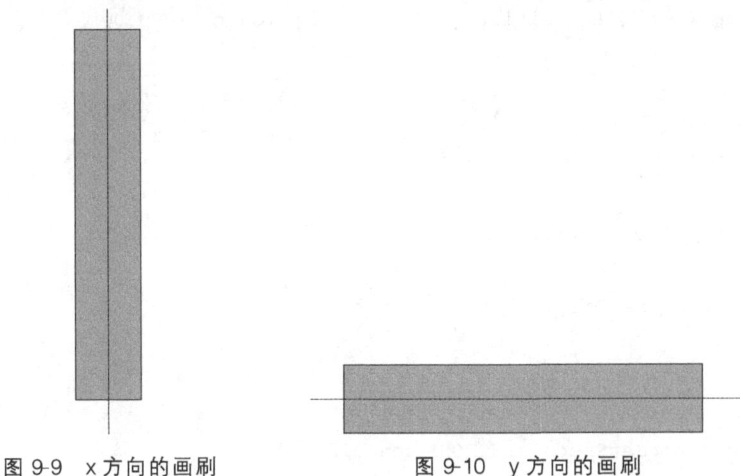

图 9-9　x 方向的画刷　　　　图 9-10　y 方向的画刷

2. 光源类

设计点光源类 CLightSource，设置光源的漫反射光分量、镜面反射光分量、光源位置、光源的开关状态等参数。

```
#include "P3.h"
#include "RGBA.h"
class CLightSource
{
public:
    CLightSource(void);
    virtual ~CLightSource(void);
    void SetDiffuse(CRGBA diffuse);                          //设置光源的漫反射光
    void SetSpecular(CRGBA specular);                        //设置光源的镜面反射光
    void SetPosition(double x, double y, double z);          //设置光源的直角坐标位置
    void SetAttenuationFactor (double c0, double c1, double c2);
                                                                   //设置光强的衰减系数
    void SetOnOff(BOOL);                                     //设置光源的开关状态
public:
    CRGBA L_Diffuse;                                         //光的漫反射颜色
    CRGBA L_Specular;                                        //光的镜面高光颜色
    CP3 L_Position;                                          //光源的位置
    double L_C0;                                             //常数衰减系数
    double L_C1;                                             //线性衰减系数
    double L_C2;                                             //二次衰减系数
    BOOL L_OnOff;                                            //光源开关
};
CLightSource::CLightSource(void)
{
    L_Diffuse =CRGBA(0.0, 0.0, 0.0);
    L_Specular =CRGBA(1.0, 1.0, 1.0);
```

```
    L_Position.x =0.0, L_Position.y =0.0, L_Position.z =1000.0;
    L_C0 =1.0;
    L_C1 =0.0;
    L_C2 =0.0;
    L_OnOff =TRUE;
}
CLightSource::~CLightSource(void)
{}
void CLightSource::SetDiffuse(CRGBA difuse)
{
    L_Diffuse =difuse;
}
void CLightSource::SetSpecular(CRGBA specular)
{
    L_Specular =specular;
}
void CLightSource::SetPosition(double x, double y, double z)
{
    L_Position.x =x;
    L_Position.y =y;
    L_Position.z =z;
}
void CLightSource::SetOnOff(BOOL onoff)
{
    L_OnOff =onoff;
}
void CLightSource::SetAttenuationFactor (double c0, double c1, double c2)
{
    L_C0 =c0;
    L_C1 =c1;
    L_C2 =c2;
}
```

3. 材质类

设计材质属性类 CMaterial，设置材质对环境光的反射率、对漫反射光的反射率、对镜面光的反射率、高光指数等。

```
#include "RGBA.h"
class CMaterial
{
public:
    CMaterial(void);
    virtual ~CMaterial(void);
    void SetAmbient(CRGBA c);                                //设置材质的环境反射率
    void SetDiffuse(CRGBA c);                                //设置材质的漫反射率
```

```
    void SetSpecular(CRGBA c);                          //设置材质的镜面反射率
    void SetExponent (double n);                        //设置材质的高光指数
public:
    CRGBA M_Ambient;                                    //材质的环境反射率
    CRGBA M_Diffuse;                                    //材质的漫反射率
    CRGBA M_Specular;                                   //材质的镜面反射率
    doubleA M_n;                                        //材质的高光指数
};
CMaterial::CMaterial(void)                              //设置默认值
{
    M_Ambient =CRGBA(0.2,0.2,0.2);
    M_Diffuse =CRGBA(0.8,0.8,0.8);
    M_Specular =CRGBA(0.0,0.0,0.0);
    M_n =1.0;
}
CMaterial::~CMaterial(void)
{}
void CMaterial::SetAmbient(CRGBA c)
{
    M_Ambient =c;
}
void CMaterial::SetDiffuse(CRGBA c)
{
    M_Diffuse =c;
}
void CMaterial::SetSpecular(CRGBA c)
{
    M_Specular =c;
}
void CMaterial::SetExponent (double n)
{
    M_n =n;
}
```

4. 光照类

设计光照类 CLighting,设置光源数量、环境光属性,并计算一点的光照。

```
#include "Vector3.h"
#include "Material.h"
#include "LightSource.h"
class CLighting
{
public:
    CLighting(void);
    CLighting(int nLightNumber);
```

```
    virtual ~CLighting(void);
    void SetLightNumber(int nLightNumber);                         //设置光源数量
    CRGBA Illuminate (CP3 ViewPoint, CP3 Point, CVector3 ptNormal, CMaterial *
    pMaterial);                                                     //光照
public:
    int nLightNumber;                                               //光源数量
    CLightSource* LightSource;                                      //光源数组
    CRGBA Ambient;                                                  //环境光
};
CLighting::CLighting(void)
{
    nLightNumber =1;
    LightSource =new CLightSource[nLightNumber];
    Ambient =CRGBA(0.3, 0.3, 0.3);                                  //环境光是常数
}
CLighting::CLighting(int nLightNumber)
{
    this->nLightNumber =nLightNumber;
    LightSource =new CLightSource[nLightNumber];
    Ambient =CRGBA(0.3, 0.3, 0.3);
}
CLighting::~CLighting(void)
{
    if (LightSource)
    {
        delete []LightSource;
        LightSource =NULL;
    }
}
void CLighting::SetLightNumber(int nLightNumber)
{
    if(LightSource)
    {
        delete []LightSource;
    }
    this->nLightNumber =nLightNumber;
    LightSource =new CLightSource[nLightNumber];
}
CRGBA CLighting:: Illuminate (CP3 ViewPoint, CP3 Point, CVector3 ptNormal,
CMaterial* pMaterial)
{
    CRGBA ResultI =CRGBA(0.0,0.0,0.0);                            // 初始化"最终"光强
    for(int loop =0; loop <nLightNumber; loop++)                  //检查光源开关状态
    {
```

```
        if(LightSource[loop].L_OnOff)                                //光源开关
        {
            CRGBA I =CRGBA(0.0, 0.0, 0.0);                           // I 代表"反射"光强
            CVector3 L(Point, LightSource[loop].L_Position);         // L 为光矢量
            double d =L.Magnitude();                                 // d 为光传播的距离
            L =L.Normalize();                                        //规范化光矢量
            CVector3 N =ptNormal;
            N =N.Normalize();                                        //规范化法矢量
            //第 1 步,加入漫反射光
            double NdotL =max(DotProduct(N, L), 0);
            I +=LightSource[loop].L_Diffuse * pMaterial->M_Diffuse * NdotL;
            //第 2 步,加入镜面反射光
            CVector3 V(Point, ViewPoint);                            //V 为视矢量
            V =V.Normalize();                                        //规范化视矢量
            CVector3 H = (L +V) / (L +V).Magnitude();                // H 为中值矢量
            double NdotH =max(DotProduct(N, H), 0);
            double Rs =pow(NdotH, pMaterial->M_n);
            I +=LightSource[loop].L_Specular * pMaterial->M_Specular * Rs;
            //第 3 步,光强衰减
            double c0 =LightSource[loop].L_C0;                       //c0 为常数衰减因子
            double c1 =LightSource[loop].L_C1;                       //c1 为线性衰减因子
            double c2 =LightSource[loop].L_C2;                       //c2 为二次衰减因子
            double f =(1.0/(c0 +c1 * d +c2 * d * d));               //光强衰减函数
            f =min(1.0, f);
            ResultI +=I * f;
        }
        else
            ResultI +=Point.c;                                       //物体自身颜色
    }
    //第 4 步,加入环境光
    ResultI +=Ambient * pMaterial->M_Ambient;
    //第 5 步,光强规范化到[0,1]区间
    ResultI.Normalize();
    //第 6 步,返回顶点最终的光强颜色
    return ResultI;
}
```

程序说明：光照类调用光源类与材质类计算物体上一点获得的光强。光源衰减函数只对光照的漫反射光和镜面反射光起作用。

5. 立方体类

```
class CCube
{
public:
    CCube(void);
```

```
    virtual ~CCube(void);
    void SetParameter(int nHalfEdge);                              //设置边长
    void ReadVertex(void);                                         //读入点表
    void ReadFacet(void);                                          //读入面表
    void Draw(CDC* pDC);                                           //绘制图形
    void SetScene(CLighting* pLight, CMaterial* pMaterial);//设置场景
public:
    CP3 V[8];                                                      //点表数组
private:
    int HalfEdge;                                                  //立方体半边长
    CFacet F[6];                                                   //面表数组
    CLighting* pLight;                                             //光照
    CMaterial* pMaterial;                                          //材质
    CProjection projection;                                        //投影
};
CCube::CCube(void)
{}
CCube::~CCube(void)
{}
void CCube::SetParameter(int nHalfEdge)
{
    this->HalfEdge =nHalfEdge;
}
void CCube::SetScene(CLighting* pLight, CMaterial* pMaterial)
{
    this->pLight =pLight;
    this->pMaterial =pMaterial;
}
void CCube::ReadVertex(void)
{
    V[0].x =-HalfEdge, V[0].y =-HalfEdge, V[0].z =-HalfEdge;
    V[1].x =+HalfEdge, V[1].y =-HalfEdge, V[1].z =-HalfEdge;
    V[2].x =+HalfEdge, V[2].y =+HalfEdge, V[2].z =-HalfEdge;
    V[3].x =-HalfEdge, V[3].y =+HalfEdge, V[3].z =-HalfEdge;
    V[4].x =-HalfEdge, V[4].y =-HalfEdge, V[4].z =+HalfEdge;
    V[5].x =+HalfEdge, V[5].y =-HalfEdge, V[5].z =+HalfEdge;
    V[6].x =+HalfEdge, V[6].y =+HalfEdge, V[6].z =+HalfEdge;
    V[7].x =-HalfEdge, V[7].y =+HalfEdge, V[7].z =+HalfEdge;
}
void CCube::ReadFacet(void)
{
    F[0].SetVertexNumber(4);F[0].vIndex[0]=4;F[0].vIndex[1]=5;F[0].vIndex[2]=
    6; F[0].vIndex[3]=7;                                           //前面
```

```
    F[1].SetVertexNumber(4);F[1].vIndex[0]=0;F[1].vIndex[1]=3;F[1].vIndex[2]=2;
F[1].vIndex[3]=1;                                                      //后面
    F[2].SetVertexNumber(4);F[2].vIndex[0]=0;F[2].vIndex[1]=4;F[2].vIndex[2]=7;
F[2].vIndex[3]=3;                                                      //左面
    F[3].SetVertexNumber(4);F[3].vIndex[0]=1;F[3].vIndex[1]=2;F[3].vIndex[2]=6;
F[3].vIndex[3]=5;                                                      //右面
    F[4].SetVertexNumber(4);F[4].vIndex[0]=2;F[4].vIndex[1]=3;F[4].vIndex[2]=7;
F[4].vIndex[3]=6;                                                      //顶面
    F[5].SetVertexNumber(4);F[5].vIndex[0]=0;F[5].vIndex[1]=1;F[5].vIndex[2]=5;
F[5].vIndex[3]=4;                                                      //底面
}
void CCube::Draw(CDC * pDC)
{
    CLine * pLine =new CLine;
    CP3 ViewPoint =projection.GetEye();                                //视点
    for(int i =0; i <6; i++)
    {
        F[i].SetFacetNormal(V[F[i].vIndex[0]], V[F[i].vIndex[1]], V[F[i].vIndex
        [2]]);
        CVector3 FacetNormal =F[i].fNormal.Normalize();
        CP2 ScreenPoint, temp;
        for(int nVertex =0; nVertex <F[i].vNumber; nVertex++)
        {
            ScreenPoint = projection. PerspectiveProjection (V [F [i]. vIndex
            [nVertex]]);
            ScreenPoint.c = pLight - > Illuminate (ViewPoint, V [F [i]. vIndex
            [nVertex]], FacetNormal, pMaterial);                       //调用光照函数
            if(0 ==nVertex)
            {
                pLine->MoveTo(pDC, ScreenPoint);
                temp =ScreenPoint;
            }
            else
            {
                pLine->LineTo(pDC, ScreenPoint);
            }
        }
        pLine->LineTo(pDC, temp);
    }
    delete pLine;
}
```

程序说明：立方体线框使用5像素宽的直线绘制，直线的顶点颜色通过调用CLighting

类的 illuminate()函数计算。计算每个表面时,立方体顶点法矢量使用的是面法矢量。

6. 设置光照环境

在 CTestView 类内,设置前面的左、右、上、下 4 个光源照射立方体。

```
void CTestView::InitializeLightingScene(void)
{
    //设置光源属性
    nLightSourceNumber =4;
    pLight =new CLighting(nLightSourceNumber);                 //一维光源动态数组
    pLight->LightSource[0].SetPosition(1000, 1000, 500);       //设置光源 1 位置坐标
    pLight->LightSource[1].SetPosition(-1000, 1000, 500);      //设置光源 2 位置坐标
    pLight->LightSource[2].SetPosition(-1000, -1000, 500);     //设置光源 3 位置坐标
    pLight->LightSource[3].SetPosition(1000, -1000, 500);      //设置光源 4 位置坐标
    //红
    pLight->LightSource[0].L_Diffuse =CRGBA(1.0, 0.0, 0.0);    //光源的漫反射颜色
    pLight->LightSource[0].L_Specular =CRGBA(1.0, 0.0, 0.0);   //光源镜面高光颜色
    pLight->LightSource[0].L_C0 =1.0;                          //常数衰减系数
    pLight->LightSource[0].L_C1 =0.0000001;                    //线性衰减系数
    pLight->LightSource[0].L_C2 =0.00000001;                   //二次衰减系数
    pLight->LightSource[0].L_OnOff =TRUE;                      //光源开启
    //绿
    pLight->LightSource[1].L_Diffuse =CRGBA(0.0, 1.0, 0.0);    //光源的漫反射颜色
    pLight->LightSource[1].L_Specular =CRGBA(0.0, 1.0, 0.0);   //光源镜面高光颜色
    pLight->LightSource[1].L_C0 =1.0;                          //常数衰减系数
    pLight->LightSource[1].L_C1 =0.0000001;                    //线性衰减系数
    pLight->LightSource[1].L_C2 =0.00000001;                   //二次衰减系数
    pLight->LightSource[1].L_OnOff =TRUE;                      //光源开启
    //黄
    pLight->LightSource[2].L_Diffuse =CRGBA(1.0, 1.0, 0.0);    //光源的漫反射颜色
    pLight->LightSource[2].L_Specular =CRGBA(1.0, 1.0, 0.0);   //光源镜面高光颜色
    pLight->LightSource[2].L_C0 =1.0;                          //常数衰减系数
    pLight->LightSource[2].L_C1 =0.0000001;                    //线性衰减系数
    pLight->LightSource[2].L_C2 =0.00000001;                   //二次衰减系数
    pLight->LightSource[2].L_OnOff =TRUE;                      //光源开启
    //蓝
    pLight->LightSource[3].L_Diffuse =CRGBA(0.0, 0.0, 1.0);    //光源的漫反射颜色
    pLight->LightSource[3].L_Specular =CRGBA(0.0, 0.0, 1.0);   //光源镜面高光颜色
    pLight->LightSource[3].L_C0 =1.0;                          //常数衰减系数
    pLight->LightSource[3].L_C1 =0.0000001;                    //线性衰减系数
    pLight->LightSource[3].L_C2 =0.00000001;                   //二次衰减系数
    pLight->LightSource[3].L_OnOff =TRUE;                      //光源开启
```

```
    //设置材质属性
    pMaterial =new CMaterial;                                   //一维材质动态数组
    pMaterial->M_Ambient =CRGBA(0.232, 0.215, 0.827);           //材质的环境反射率
    pMaterial->M_Diffuse =CRGBA(0.135, 0.336, 0.908);           //材质的漫反射率
    pMaterial->M_Specular =CRGBA(1.0, 1.0, 1.0);                //材质的镜面反射率
    pMaterial->SetExponent(20);                                 //高光指数
}
```

程序说明：为了加大光照效果，减少了光源位置的 z 坐标。

9.6.3 程序总结

本程序通过为立方体线框模型添加光照效果，详细讲解了简单光照模型的设计与编码步骤。简单光照模型包括光源类、材质类与光照类。光照类根据物体的材质属性与光源属性，计算立方体线框边界的顶点颜色，线框边界上各点的颜色是顶点颜色的线性插值。由于立方体线条较少，光照效果不明显，所以使用了 5 像素宽的直线绘制线框。本案例需要根据中点算法原理，自行设计宽度直线的颜色渐变算法。

9.7 课外作业

请课后完成第 2～5 题。习题解答参见《计算机图形学基础教程（Visual C++ 版）》（第 3 版）。在完成习题的情况下，可以继续学习《计算机图形学基础教程（Visual C++ 版）》（第 3 版）的习题拓展部分，并完成第 2、4～6 题。

第10章　纹理映射

纹理映射是计算机图形学中最激动人心的一章，因为可以开始绘制像照片一样具有真实感的图形了。第9章已经讨论了光滑物体着色表面，然而，大多数物体表面并不光滑，具有丰富的纹理细节。纹理主要通过Phong明暗处理技术添加到物体上。使用光照模型为包裹有纹理的物体增加光照效果，使这些物体看上去更真实。纹理映射是一种既增加视觉效果，又不会付出很大代价的方法。

10.1　知识点

(1) 纹理空间：用规范的(u,v)坐标表示的二维空间。

(2) 物体空间：表示物体的三维空间，由于曲面体常用参数描述，所以物体空间也称为参数空间。

(3) 屏幕空间：物体以图像的形式输出到屏幕上，用二维坐标表示。

(4) 纹素：是纹理元素的简称，它是计算机图形纹理空间中的基本单元，如同图像是由像素排列而成，纹理是由纹素排列表示的。

(5) 棋盘纹理：黑白相间的网格，一般由$8\times8=64$个方格组成。

(6) 颜色纹理：采用特殊函数或二维图像表示的纹理。

(7) 环境纹理映射：将物体周围的环境映射到物体表面，模拟凸镜面周围的反射情况。

(8) 投影纹理映射：将纹理投影到物体上，就像将幻灯片投影到墙上一样。

(9) 几何纹理映射：对物体表面网格顶点的法矢量方向进行微小的扰动，导致表面光强的明暗变化，产生凹凸不平的真实感效果。

(10) 三维纹理：为物体表面顶点提供了三维纹理函数。三维纹理是一种计算机编程生成的纹理，也称为过程纹理。

(11) Mipmap图：预先定义了一组优化过的图像，即从原始图像出发，依次降低图像的分辨率。

(12) 两步纹理映射：基本思想是建立一个简单的中介曲面，将纹理空间到物体空间的映射分解为纹理空间到中介曲面的映射和中介曲面到物体空间两个简单映射的复合，避免了直接对物体表面进行参数化。

10.2　教学时数

本章理论教学时数为6学时，实验时数为2学时。详细讲解内容为：纹理函数、环境纹理映射、两步纹理映射、三维纹理映射、凹凸纹理映射等。粗略讲解内容为：投影纹理映射、纹理反走样等。

10.3 教学目标

纹理映射主要讲解图像纹理和几何纹理。图像纹理是将一幅位图纹素的颜色作为物体表面内某一点材质的漫反射率，代入光照模型中计算该点得到的光强。图像纹理使物体表面穿上纹理的外衣。几何纹理是通过扰动物体表面内某一点的法矢量方向，人为调整该点的明暗度，使得物体表面出现凹凸不平的幻像。几何纹理可以部分代替几何建模的效果，只是边界上不会产生弯曲的边界，而是按照模型原始的几何形状存在。

1. 掌握颜色纹理映射算法

在简单光照模型中，可以通过设置材质的漫反射率 k_d 控制物体的颜色。物体表面各点的颜色依据函数或二维图像呈现有序的分布，k_d 不再是常数，而是逐点变化。纹理函数常具有无限分辨率，而图像纹理具有有限分辨率。二维纹理图像弯曲后绑定到三维物体表面可能会被拉伸或压缩。颜色纹理一般先绑定到物体顶点或者表面上，然后对物体的表面方程进行参数化处理，透视投影后使用 Phong 明暗处理绘制纹理效果。

2. 掌握环境纹理映射算法

环境映射将周围的环境反射到物体上增加视觉效果，物体表面仿佛镀铬一样呈现金属材质效果。环境映射效果类似于光线跟踪算法效果，但是更加高效。环境映射分为球方法与立方体方法。球方法又可分为半球方法与全景图方法。

3. 了解投影纹理映射算法

投影纹理映射最初由 Segal 提出，用于将纹理投影到物体上，就像将幻灯片投影到墙上一样。该方法先将纹理投影到物体的表面上，然后再将表面投影到场景中。这相当于将幻灯片投影到任意朝向的表面上，然后再从视点方向观察。投射纹理的原理是根据投影机的位置，计算物体表面每个顶点对应的纹理坐标，然后依据纹理坐标查询纹理颜色值。投影纹理的重点是计算纹理的投影坐标。

4. 掌握三维纹理映射算法

纹理是二维的，而物体是三维的。一方面，平面纹理包裹曲面物体的映射是一种非线性映射；另一方面，对于由多个表面拼接成的物体表面，很难在拼接处保持纹理的连续性。三维纹理为物体表面顶点提供了三维纹理函数。三维纹理空间与物体空间重合，需要映射纹理的物体被嵌入三维纹理空间中，物体与三维纹理空间的交形成了物体表面上各点的纹理。如果将三维纹理函数看作实体材质，相当于从纹理空间中将物体雕刻出来。

5. 掌握几何纹理映射算法

几何纹理映射的基本思想是：用简单光照模型计算物体表面的光强时，对物体表面网格顶点的法矢量方向进行微小的扰动，导致表面光强的明暗变化，产生凹凸不平的真实感效果。需要注意的是，物体表面呈现出的这种褶皱效果不是物体几何结构的改变，而是光照计算的结果。

6. 了解纹理反走样算法

反走样算法是纹理映射技术中的一个重要研究内容。纹理空间的正方形在物体空间弯曲为一个四边形。仿佛纹理图是一块橡胶，拉伸撑大后粘贴到物体的表面上。当纹素大小接近像素大小时，形成一对一的映射，效果令人满意。但实际映射过程中，经常会出现二者大小不匹配的情况。如果屏幕四边形大于纹理图像,则纹素数量小于像素数量,映射时需要对纹理进行放大操作;如果屏幕四边形小于纹理图像,则纹素数量大于像素数量,映射时需要对纹理进行缩小操作。对纹理映射而言,反走样是强制性的。

10.4 重点难点

教学重点:纹理函数、纹理函数映射、颜色纹理映射、环境纹理映射、两步纹理映射。教学难点:三维纹理映射、几何纹理映射。

10.4.1 教学重点

1. 纹理函数

二维纹理一般定义在单位正方形区域($0\leqslant u\leqslant 1,0\leqslant v\leqslant 1$)之上,称为纹理空间。理论上,任何定义在此空间内的函数都可以作为纹理函数。实际应用中常采用一些特殊的函数模拟现实世界中存在的纹理,如棋盘函数、粗布函数等。计算机图形学中,过程纹理是指用数学描述的纹理,而不是直接存储的数据(如图像),具有存储空间小和具有无限分辨率的特点。棋盘函数、粗布函数描述的是二维过程纹理。下面讲解棋盘纹理函数的生成原理。

$$g(u,v)=\begin{cases}a & \lfloor u\times 8\rfloor+\lfloor v\times 8\rfloor\text{为偶数}\\ b & \lfloor u\times 8\rfloor+\lfloor v\times 8\rfloor\text{为奇数}\end{cases} \tag{10-1}$$

式中,a 和 b 代表颜色,$0\leqslant a<b\leqslant 1$,$\lfloor x\rfloor$表示小于 x 的最大整数,可以使用 C 语言中的 floor()函数实现。式(10-1)中,u 和 v 的取值范围限定在[0,1]区间,式(10-1)中的"8"意味着分别沿 u、v 方向划分为 8 个子区间,每个子区间的长度为 1/8。图 10-1 中,方格内标注的数字由两位组成,前者代表$\lfloor u\times 8\rfloor$,后者代表$\lfloor v\times 8\rfloor$。如果$\lfloor u\times 8\rfloor+\lfloor v\times 8\rfloor$之和为偶数,则方格填充为黑色;如果$\lfloor u\times 8\rfloor+\lfloor v\times 8\rfloor$之和为奇数,则方格填充为白色。

在程序中绘制棋盘纹理时,一般将正方形网格划分为两个三角形网格,并采用三角形算法填充上三角形和下三角形达到绘制黑白网格的目的。

2. 纹理函数映射

棋盘纹理可以映射到多面体或者曲面体上。对于多面体而言,棋盘纹理被绑定到每个表面上,调整面顶点与纹理图顶点的对应关系,才能形成正确的效果。图 10-2 中,如果将立方体看作由小立方体块组成,那么图 10-2(a)的拼接是错误的,而图 10-2(b)的拼接是正确的。

另一个纹理映射的问题是透视变形,需要进行校正。透视变形的原因如图 10-3 所示。屏幕上的 P_1点是 P_0和 P_2点的中点,由于透视投影的原因,将不能保证物体上的 V_1点一定是 V_0和 V_2点的中点。也就是说,直接对屏幕点进行线性插值不能保证顶点插值的正确性。在纹理映射的时候,如果使用透视投影,线性插值可能导致明显的变形,立方体表面矩形由左下和右上两个三角形组成。当立方体旋转时,左上三角形靠近视点,其上的正方形应该变大;右上三角形远离视点,其上的正方形变小。然而,纹理的线性插值将使得正方形大小一致。这加大了正方形表面沿对角线的变形,如图 10-2(a)所示。校正方法有两种:一种是在三角形填充算法中基于深度进行透视校正;另一种简单的替代算法是开发四边形填充算法映射纹理。校正后的立方体棋盘纹理映射效果如图 10-2(b)所示。此外,图 10-2 所示的棋

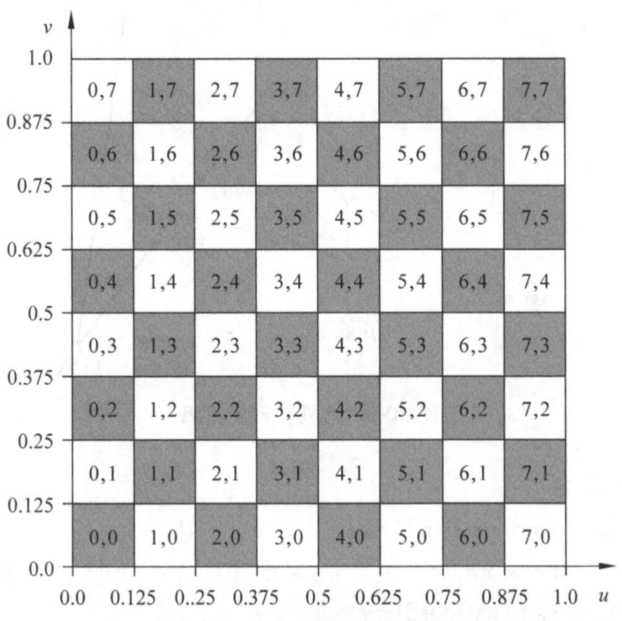

图 10-1 棋盘函数纹理原理

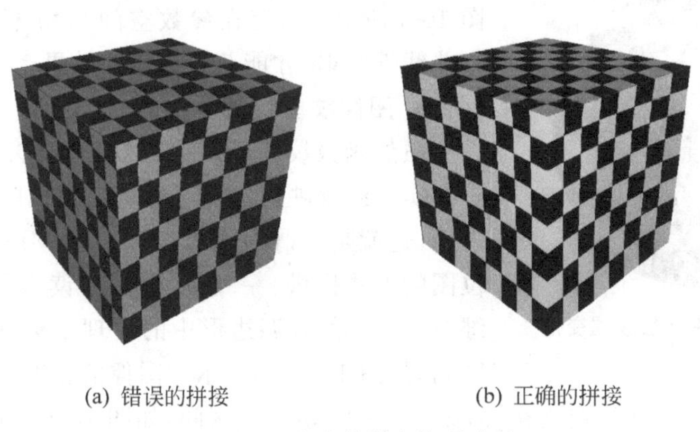

(a) 错误的拼接　　(b) 正确的拼接

图 10-2 立方体棋盘纹理映射

盘纹理立方体也可以直接使用三维纹理绘制。

物体如果是曲面体，则简单地将棋盘纹理绑定到曲面体离散后的网格顶点上就可以绘制。纹理映射的核心是网格小面的 uv 参数化。例如，在球体表面映射棋盘纹理，球心位于三维坐标系原点，半径为 r 的球面参数方程为

$$\begin{cases} x = r\sin\varphi\sin\theta \\ y = r\cos\varphi \\ z = r\sin\varphi\cos\theta \end{cases}, \quad \theta \in [0,2\pi],\ \varphi \in [0,\pi] \tag{10-2}$$

球面是二次曲面。通过下述线性变换将纹理空间[0,1]×[0,1]与物体空间[0,2π]×[0,π]等同起来。

$$(u,v) = \left(\frac{\theta}{2\pi}, \frac{\varphi}{\pi}\right) \tag{10-3}$$

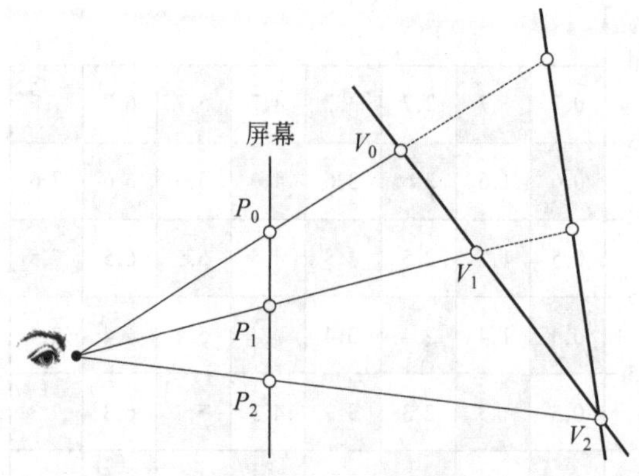

图 10-3　透视变形的原因

球面的 uv 参数化表示为

$$\begin{cases} x = r\sin(\pi v)\sin 2(\pi u) \\ y = r\cos(\pi v) \\ z = r\sin(\pi v)\cos 2(\pi u) \end{cases}, \quad u \in [0,1], \quad v \in [0,1] \tag{10-4}$$

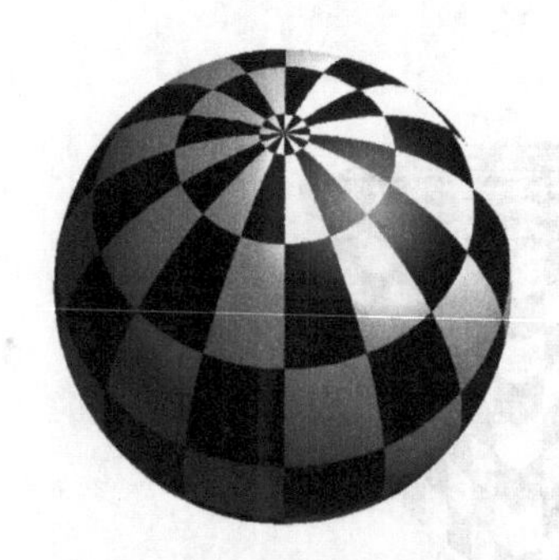

图 10-4　球体南北极纹理变形

球面在南北极处，纹理映射后会出现严重的变形，如图 10-4 所示。只有在参数空间与物体空间之间建立一个非线性映射，才能获得满意的效果。

3. 图像纹理映射

虽然函数纹理可以生成规则的纹理图案，但是还不够真实。纹理映射常将一幅来自相机的照片映射到物体表面，这就是所谓的图像纹理。在 MFC 中，图像纹理以位图的方式提供。一般从资源中读入位图后，存储到一维数组中。纹理四边形中的纹理坐标 u，v 定义在[0,1]区间，如图 10-5(a)所示。图像的宽度是 w，高度是 h，则纹理中的纹素坐标 t_u 和 t_v 定义在[0，$w-1$]和[0，$h-1$]区间，如图 10-5(b)所示。

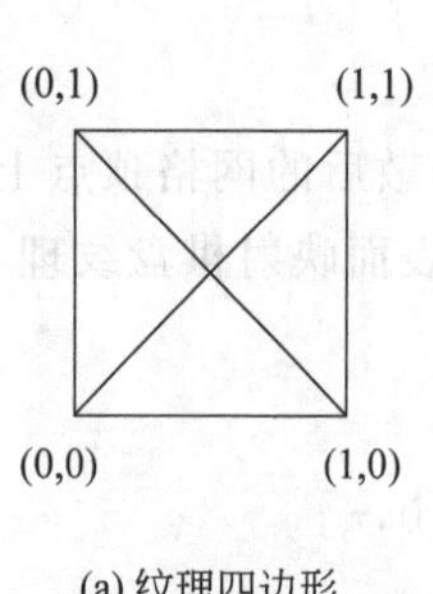

(a) 纹理四边形

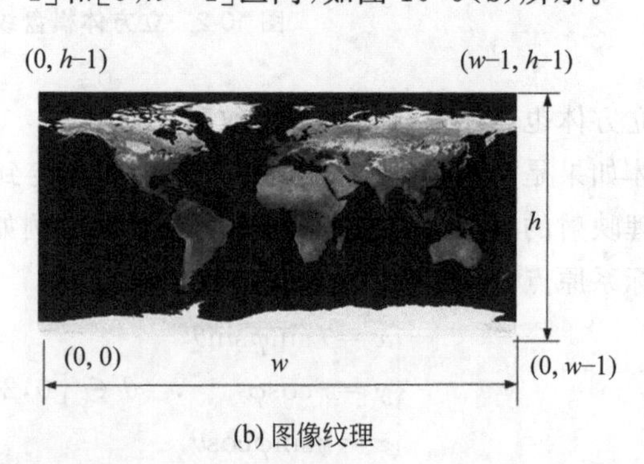

(b) 图像纹理

图 10-5　定义纹素坐标

球、圆柱、圆锥和圆环仅使用一幅位图就可以实现图像纹理映射，采用绑定到物体顶点上的方式实现。双三次 Bezier 曲面片的每个曲面绑定一幅纹理。如果让 4 个曲面绑定一幅纹理图像，则每个曲面绑定 1/4。

4. 环境纹理映射

环境映射简称为 EM 算法(environmental mapping algorithm)，是一种基于图像的纹理映射技术，模拟凸镜面周围的反射情况。环境映射也称为反射映射，将物体表面看作一面镜子，记录下周围物体的表面细节，并根据自身的曲率对图像进行几何变形。这一技术的雏形是为近似模拟光线跟踪的效果，而又不必跟踪反射光线而设计的。

环境映射假定物体无限远，而且物体不反射自身，物体表面一点由反射矢量决定。对于物体表面上任一点，环境映射使用该点的反射矢量索引纹理图的颜色作为该点的颜色。

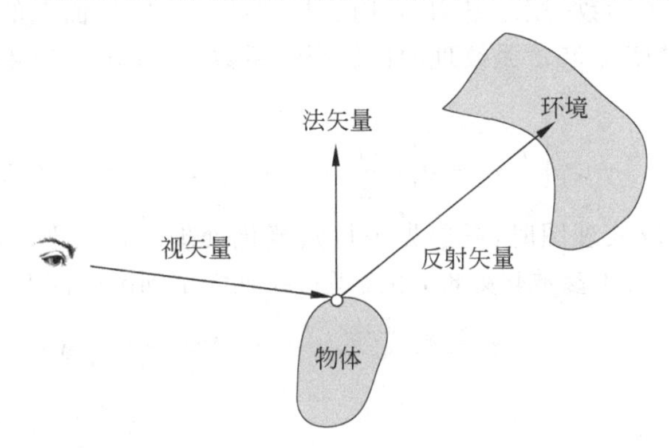

图 10-6　环境映射原理图

环境映射由 Blinn and Newell 提出，可以使用半球面映射，也可以使用全景图映射。这种球映射方法在具体实践中使用不多，最常用的环境映射方法是立方体方法。

假定视点位于立方体中心接受环境图，6 张环境图围成一个封闭的空间。从反射矢量 R 的 3 个分量中找到绝对值最大的分量，从而决定映射平面。再用另外两个分量访问纹理，要求这两个分量分别除以绝对值最大的分量，并规范化到[0,1]区间。立方体映射的特点是没有变形，也没有接缝。

关于环境映射需要说明的是，环境映射使用反射矢量索引周围环境中的图像，并未将纹理绑定到曲面片上，也就是说，未对曲面进行参数化。环境纹理效果不会随着物体的转动而转动，这与前面介绍的通过将纹理图绑定到网格顶点上而绘制的图像纹理映射效果不同。

5. 两步纹理映射

两步纹理映射解决无法对曲面进行参数化纹理映射的问题。将纹理空间到物体空间的映射分解为两个简单映射的复合，从而避免了对景物表面的重新参数化。引进一个包围景物的中介三维曲面作为中间映射媒介，其基本过程可用下面两个步骤完成：

(1) 将二维纹理空间映射为一个简单的中介曲面，如球面、圆柱面等，这一映射称为 S 映射，表示如下：

$$\boldsymbol{T}(u,v) \rightarrow \boldsymbol{S}(x',y',z')$$

(2) 将中介曲面上的纹理映射到目标物体表面，称为 O 映射，可表示为

$$\boldsymbol{S}(x',y',z') \rightarrow \boldsymbol{O}(x,y,z)$$

纹理空间到景物空间的纹理映射为 O 映射和 S 映射的复合。

对于 S 映射，一般选择圆柱面作为中介曲面。高度为 h、截面半径为 r、三维坐标系原

点位于底面中心。圆柱面的参数方程为

$$\begin{cases}x=r\sin\theta\\ y=h\varphi\\ z=r\cos\theta\end{cases},\quad 0\leqslant\varphi\leqslant 1,\quad 0\leqslant\theta\leqslant 2\pi \tag{10-5}$$

圆柱面侧面展开图是长方形,通过下述线性变换将纹理空间[0,1]×[0,1]与物体空间[0,2π]×[0,1]等同起来。

$$u=\frac{\theta}{2\pi},\quad v=\varphi=\frac{y}{h} \tag{10-6}$$

一般圆柱面用6个参数表示。θ_0和h_0用于标定纹理在圆柱面上的起始位置,r是圆柱的半径,h是圆柱的高度,c和d是纹理的比例因子系数。纹理(u,v)和圆柱面(θ,h)的对应关系为

$$[\theta,h]->\left[\frac{r}{c}(\theta-\theta_0),\frac{1}{d}(h-h_0)\right],\quad -\pi<\theta<\pi \tag{10-7}$$

使用式(10-7)读取纹理图时,需要先进行归范化处理。将纹理弯曲、拉伸后映射到圆柱面上,即对圆柱面进行了参数化处理,相当于将纹理绑定到圆柱面上,如图10-7所示。

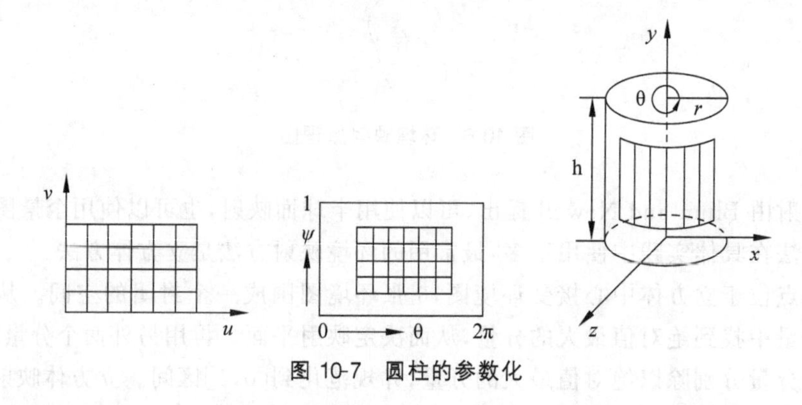

图10-7 圆柱的参数化

O映射是将纹理从中介曲面映射到任意目标物体上。O映射应该考虑综合目标物体曲面以及中介曲面的几何特性。由于来自中心的物体表面上一点的矢量要比表面法矢量容易计算,这里选用物体中心法计算,如图10-8所示。物体中心法表述为:跟踪物体中心与物体上一点的连线,直至其与中介曲面相交,即将物体表面上的点(x_w,y_w,z_w)与圆柱体中心线相连,这条线与圆柱体表面的交点给出了物体上该点的纹理值。

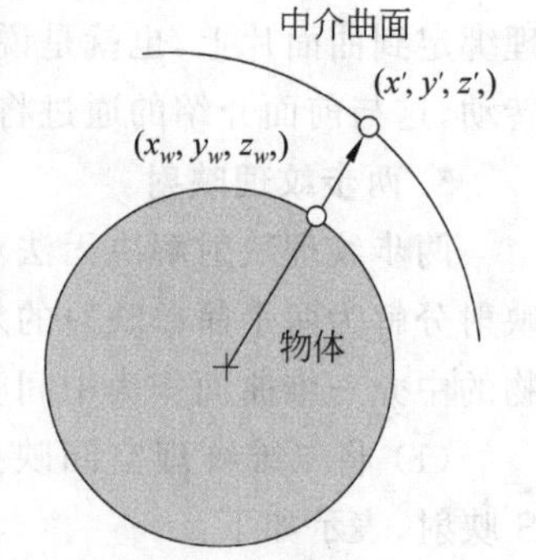

图10-8 物体中心法

10.4.2 教学难点

1.三维纹理映射

二维纹理映射到三维物体表面有很多困难。由于纹理是二维的,而物体是三维的,二维纹理到曲面物体的映射是一种非线性映射,而且对于由多个表面拼接成的物体表面,很难在拼接处保持纹理的连续性。三维纹理映射时,物体表面一点的纹理值就在该点所在的空间位置上给出。为物体分配纹理只涉及计算一个在物体表面点上的三维纹理函数。三维纹理不需要进行拉伸和压缩,可以

看作用一块材料雕刻出一个三维物体。例如，用一块木头雕刻出一个具有木纹的茶壶。三维纹理主要有木纹纹理与噪声纹理两种，适合于制作木材、大理石、云彩、火焰、石块等不规则自然纹理。

1）木纹纹理

木纹纹理采用一组共轴圆柱面定义三维纹理函数，纹理空间内任一点的纹理函数值可根据它到圆柱轴线经过的圆柱面个数的奇偶性取为“明”或“暗”。

引进以下 3 个简单的操作增加随机性。

扰动：对共轴的圆柱面半径进行扰动，扰动量可以为正弦函数或其他能描述木纹与正规圆柱面偏离量的任何函数。

扭曲：在圆柱轴方向加上一扭曲量。

倾斜：将上述圆柱的轴沿木块的较长方向倾斜。

2）三维噪声函数

噪声函数应满足以下 3 个性质：旋转统计不变性；平移统计不变性；其频率域上带宽很窄。实际应用中主要用噪声函数生成其他自然纹理，而不是直接用来绘制噪声纹理。

2. 几何纹理映射

通过对景物表面各采样点的位置作微小扰动改变表面的微观几何形状，从而引起景物表面法向的变化。由此导致表面光亮度突变，产生表面凹凸不平的真实感效果。

设景物表面由下述参数方程定义：

$$P=P(u,v) \tag{10-8}$$

在景物表面每一采样点处沿其法向附加一微小增量，从而生成一张新的表面，它可表示为

$$P'(u,v)=P(u,v)+B(u,v)N \tag{10-9}$$

其中 $B(u,v)$ 为用户定义的扰动函数。

扰动后的法矢量为

$$\boldsymbol{N}'=N+D=N+B_uA-B_vB \tag{10-10}$$

将法矢量 $\boldsymbol{N}'$ 规范化为单位矢量，用于计算物体表面一点的光强，以产生貌似皱折的效果。“貌似”二字表示在物体的边缘上看不到真实的凹凸效果，只有光滑的轮廓。由明暗变化产生的真实感图形皱折效果，可以代替对每个皱折进行几何建模的效果。

10.5 教学案例建议

制作 Utah 茶壶的纹理映射图。对于双三次曲面片拼接的物体，一般是一幅位图映射到一片双三次 Bezier 曲面上。Utah 茶壶有 32 片曲面，共映射 32 幅位图。将图 10-9 所示的“花脸”纹理映射到 Utah 茶壶上，效果如图 10-10 所示。

图 10-9 “花脸”头像纹理

Utah 茶壶的壶身前面由 4 片曲面组成，后面也由 4 片曲面组成，如果每个曲面片仅映射 1/4 的位图，就可以将两幅位图分别映射至茶壶的前后表面，效果如图 10-11 所示。

(a) 主视图　　　　　　　　　　(b) 俯视图

图 10-10　Utah 茶壶映射“花脸”头像效果图

(a) 前图　　　　　　　　　　(b) 后图

图 10-11　Utah 茶壶双图映射效果图

10.6　教学程序

Bui Tuong Phong 的 Illumination for Computer Generated Pictures 文章中提到 Newell 制作的瓶子，如图 10-12 所示。笔者使用双三次 Bezier 曲面片制作的瓶子线框模型如图 10-13 所示。试使用两步纹理映射算法将图 10-14 所示的啤酒标签图映射到瓶子上，效果如图 10-15 所示。

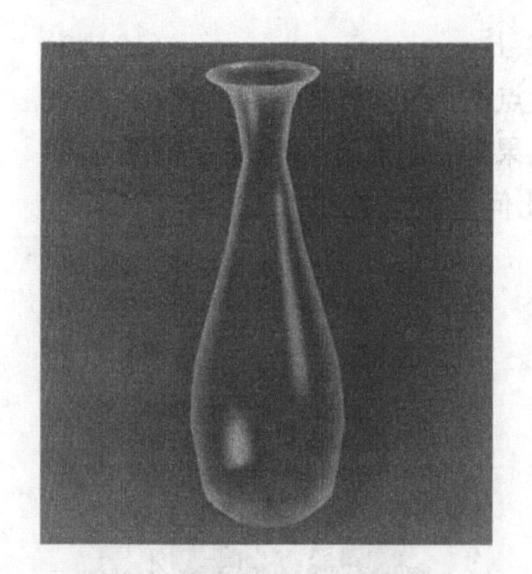

图 10-12　Newell 制作的瓶子

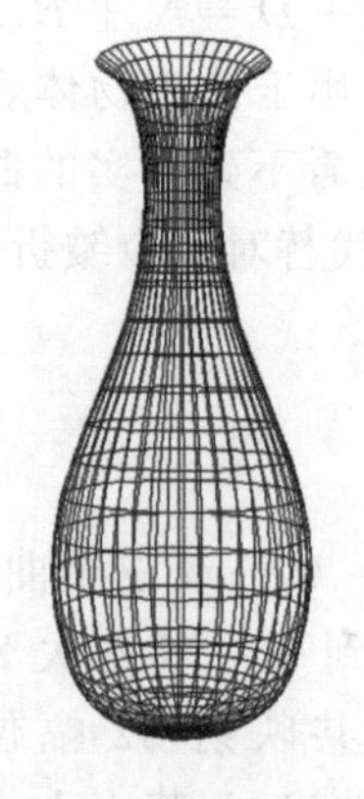

图 10-13　瓶子线框模型

图 10-14　啤酒标签图

10.6.1　程序分析

1. 设计瓶子类

瓶子由位于 xOy 面内的曲线绕 y 轴回转 360°构成，曲线如图 10-16 所示。

图 10-15　两步纹理映射制作啤酒瓶

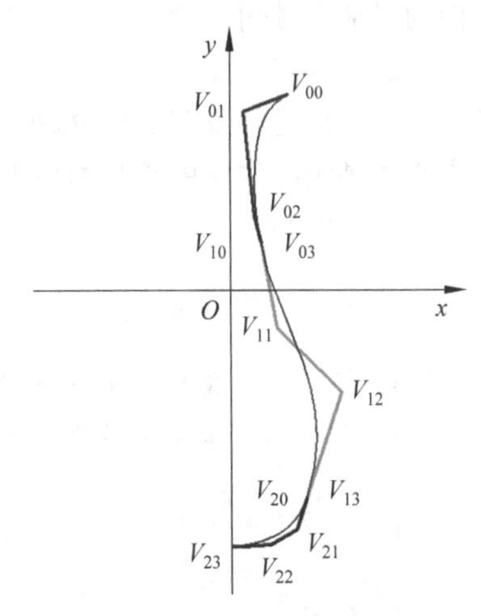

图 10-16　瓶子的侧面轮廓线

1）侧面轮廓线

瓶子侧面轮廓线由 3 段三次 Bezier 曲线拼接而成，共需要 10 个控制点。由于所有控制点都位于 xOy 面内，所以每个控制点的 z 坐标取为零。图 10-16 中，$V_{00}V_{01}V_{02}V_{03}$ 构成第 1 段三次 Bezier 曲线；$V_{10}V_{11}V_{12}V_{13}$ 构成第 2 段三次 Bezier 曲线；$V_{20}V_{21}V_{22}V_{23}$ 构成第 3 段三次 Bezier 曲线。为了实现各段曲线的光滑过渡，要求 $V_{10}=V_{03}$，且 $V_{02}V_{10}V_{11}$ 共线；要求 $V_{20}=V_{13}$，且 $V_{12}V_{20}V_{21}$ 共线。

2）曲面片

位于 xOy 面内的瓶子曲面由 4 片双三次 Bezier 曲面片构成。$V_{00}V_{01}V_{02}V_{03}$ 构成第 1 段三次 Bezier 曲线，相应的回转曲面如图 10-17 所示。

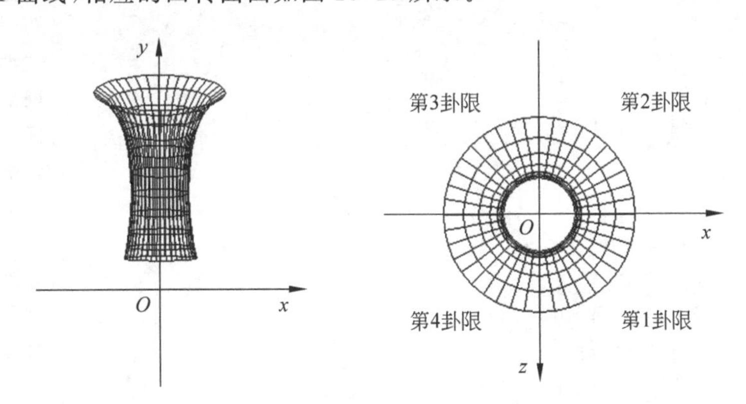

图 10-17　瓶子上部曲面构成

2. 两步纹理映射

两步纹理映射是一种独立于物体表示的纹理映射技术，将纹理空间到物体空间的映射分解为 S 映射和 O 映射两个简单映射的复合，避免对物体表面进行参数化。

1）***S*** **映射**

由于瓶子为回转体，所以选用柱面作为中介曲面。使用式(10-7)将纹理绑定到圆柱侧面的局部区域内。

2）O 映射

O 映射是将纹理从中介曲面映射到瓶子上。O 映射使用最简单的物体中心法。物体中心法是跟踪物体中心与物体上一点的连线，直至其与中介曲面相交，也就是以圆柱中心作为壶体的中心。

10.6.2 程序设计

1. 定义双三次 Bezier 曲面片类

16 个控制点定义一片双三次 Bezier 曲面片。

```
class CBicubicBezierPatch
{
public:
    CBicubicBezierPatch(void);
    virtual ~CBicubicBezierPatch(void);
    void ReadControlPoint(CP3 V[4][4]);                          //读入16个控制点
    void SetScene(CLighting* pLight, CMaterial* pMaterial);      //设置场景
    void ReadTexture(CTexture* pTexture);                        //读入纹理
    void Draw(CDC* pDC, CZBuffer* pZBuffer);                     //绘制曲面片
    CT2 TwoPartTextureMapping(CP3 WordPoint);                    //两步纹理映射
private:
    void SaveFacetData(void);                                    //转储平面片信息
    void LeftMultiplyMatrix(double M[4][4],CP3 V[4][4]);         //左乘顶点矩阵
    void RightMultiplyMatrix(CP3 V[4][4],double M[4][4]);        //右乘顶点矩阵
    void TransposeMatrix(double M[4][4]);                        //转置矩阵
private:
    CP3 V3[4][4];                                                //三维控制点
    CP3 P3[121];                                                 //网格顶点
    CVector3 VN[121];                                            //网格顶点法矢量
    CP3 V[11][11];                                               //网格顶点
    CFacet F[100];                                               //网格小面
    CProjection projection;                                      //投影对象
    CLighting* pLight;                                           //光照
    CMaterial* pMaterial;                                        //材质
    CTexture* pTexture;                                          //纹理
};
```

程序说明：将每个曲面片均匀细分为 10×10 个平面片。

2. 定义两步纹理映射函数

在 CBicubicBezierPatch 类中添加成员函数 TwoPartTextureMapping()，使用两步纹理映射算法将标签纹理图映射到瓶子上。

```
CT2 CBicubicBezierPatch::TwoPartTextureMapping(CP3 WordPoint)
{
```

```
    double imh =800;                                            //中介圆柱高度
    double c =0.5, d =0.5;                                      //比例因子
    double Theta0 =PI / 8, h0 =-300.0;                          //初始位置
    double Theta;                                               //中介圆柱方位角
    Theta =atan2(WordPoint.x, WordPoint.z);
    if (Theta <0.0)
        Theta +=2 * PI;
    double h =WordPoint.y;                                      //中介圆柱 y 坐标
    CT2 Texture;                                                //纹理坐标
    Texture.u =(1 / c * (Theta -Theta0)) / (2 * PI) * (pTexture->bmp.bmWidth -1);
    Texture.v =(1.0 / d * (h -h0)) / imh * (pTexture->bmp.bmHeight -1);
    return Texture;
}
```

程序说明：imh 代表中介圆柱面的高度。

3. 定义回转类

回转类由 4 片双三次 Bezier 曲面片构成，如图 10-17 所示。

```
class CRevolution
{
public:
    CRevolution(void);
    virtual ~CRevolution(void);
    void ReadCubicBezierControlPoint(CP3* ctrP);
                                                    //读入 4 个二维控制点
    void SetScene(CLighting* pLight, CMaterial* pMaterial);  //设置场景
    void ReadTexture(CTexture* pTexture);           //读入纹理
    void DrawRevolutionSurface(CDC* pDC, CZBuffer* pZBuffer);  //绘制回转体曲面
private:
    void ReadVertex(void);                          //读入回转体控制多边形顶点
    void ReadPatch(void);                           //读入回转体双三次曲面片
public:
    CP3 V[64];                                      //回转曲面总顶点数
private:
    CP3 P[4];                                       //来自轮廓线的 4 个三维控制点
    CPatch Patch[4];                                //回转体曲面总面数，一圈 4 个面
    CP3 P3[4][4];                                   //单个双三次曲面片的三维控制点
    CBicubicBezierPatch surf;                       //声明双三次 Bezier 曲面片对象
};
```

程序说明：用侧面轮廓线的 4 个控制点生成一圈 4 片双三次 Bezier 曲面片，共需要 4×4×4=64 个控制点。其中，第一个 4 代表二维轮廓线的 4 个控制点。第二个 4 代表一片双三次 Bezier 曲面片由 4 列组成。第三个 4 代表一圈 4 片曲面片。

4. 定义瓶子类

瓶子曲面分为上、中、下三部分，每部分由 4 片双三次 Bezier 曲面片拼接而成。

```
class CBottle
{
public:
    CBottle(void);
    virtual ~CBottle(void);
    void ReadOutlineVertex(void);                                      //读入轮廓线控制顶点
    void ReadTexture(CTexture* pTexture);                              //读入纹理
    void SetScene(CLighting* pLight, CMaterial* pMaterial);            //设置三维场景
    void Draw(CDC* pDC, CZBuffer* pZBuffer);                           //绘制图形
public:
    CP3 V[3][4];                                                       //轮廓线控制顶点
    CRevolution revolution[3];
};
```

程序说明：瓶子类调用回转类，回转类调用曲面片类。曲面片类调用成员函数TwoPartTextureMapping()，使用两步纹理映射算法将标签映射到瓶子上。

10.6.3 程序总结

本程序使用两步纹理映射算法，借助圆柱面为中介曲面，将标签映射到瓶子上。由于未将纹理绑定到瓶子上，所以标签不会随着瓶子的转动而转动。

10.7 课外作业

请课后完成第2～5题、7、8题。习题解答参见《计算机图形学基础教程(Visual C++版)》(第3版)。在完成习题的情况下，可以继续学习《计算机图形学基础教程(Visual C++版)》(第3版)的习题拓展部分，并完成第1、2、3、4题。

参考文献

[1] David F Roger.计算机图形学算法基础 [M].石教英，彭群生，等译.2 版.北京：机械工业出版社，2006.

[2] Xiaolin Wu.An Efficient Antialiasing Technique[J].Computer Graphics，1991，24：143-152.

[3] Alvy R Smith.Tilt Fill[J]. Computer graph ，1979，13：276-283.

[4] Bier E A，Solan K R. Two-Part Texture Mappings[J]. IEEE Computer Graph and Applications，1986，6：40-53.

[5] Blinn J F，Newell M E. Texture and Reflection in Computer Generated Image[J]. Communications of the ACM，1976，19：542-547.

[6] Bouknight W J. A Procedure for Generation of Three-dimensional Half-toned Computer Graphics Presentations[J]. Communications of the ACM，1970，13：527-536.

[7] Bresenham J E.Algorithm for Computer Control of a Digital Plotter[J]. IBM System journal，1965，4：25-30.

[8] Bryan Ackland. Neil Wester. Real Time Animation Playback on a Frame Store Display System Efficient Technique[J]. Computer Graphics，1991，24：143-152.

[9] Bryan Agkland. The Edge Flag Algorithm-A Fill Method for Raster Scan Displays [J]. IEEE Transactions on Computer，1981，C-30：41-4881.

[10] Edwin E Catmull.A Subdivision Algorithm for Computer Display of Curved Surfaces[D]. University of Utah ，1974：32-33.

[11] Frack Crow.The Origins of the Teapot[J].IEEE Computer Graph and Applications，1987，7：8-19.

[12] Donald Hearn.Computer Graphics With OpenGL Fourth Edition[M]. 北京：电子工业出版社，2012.

[13] Fletcher Dunn ，Ian Parberry.3D 数学基础[M].史银学，陈洪，等译.北京：清华大学出版社，2005.

[14] Floyd，Ratlife.The Contour and Contrast[J]. Proceeding of the America Philosophical Society，1971，115：150-163.

[15] Henri Gouraud.Continuous Shading of Curved Surfaces[J].IEEE Transactions on Computers，1971，20：87-93.

[16] Ned Greene.Environment Mapping and other Application of World Projections[J]. IEEE Computer Graph and Applications，1986，6：21-29.

[17] Ivor Horton.Visual C ++ 2010 入门经典[M]. 苏正泉，李文娟，译.5 版. 北京：清华大学出版社，2010.

[18] James D Foley，Andries van Dam，Steven K Feiner.计算机图形学原理及实践——C 语言描述[M].唐泽圣，董士海，李华，等译.北京：机械工业出版社，2004.

[19] James F Blinn.Simulation of wrinkled surface[J].Computer Graphics，1978，12(2)：286-292.

[20] You-Dong Liang，Brian A Barsky. A New Concept and Method for Line Clipping [J]. ACM Transactions on Graphics，1984，3(1)：1-22.

[21] Michael R Dunlayey.Efficient Polygon-Fill Algorithms[J].ACM Transactions on Graphics，1983，2(4)：264-273.

[22] Darwym R Peachey. Solid Texturing of Complex Surfaces[J]. Computer Graphics，1985，19(3)：279-286.

[23] Ken Perlin. An Image Synthesizer[J].Computer Graphics,1985,19(3)：287-296.

[24] Bui T.Phong.Illumination for Computer-generated Pictures[J].Communications of the ACM,1975,18(6)：311-317.

[25] Ivan E Sutherland,Gary W Hodgman.Reentrant Polygon Clipping[J]. Communications of the ACM,1974,17 (1)：32-42.

[26] Ivan E Sutherland. Sketchpad：A Man-machine Graphical Communication System [J]. AFIPS Conference Proceedings,1963,23：329-346.

[27] Jack Veenstra,Narendra Ahuja.Line Drawing of Octree-Represented Object[J]. ACM Transactions on Graphics,1988,7(1)：61-75.

[28] Kevin Weiler, Peter Atherton. Hidden Surface Removal Using Polygon Area Sorting [J]. Communications of the ACM,1977,11：214-222.

[29] Turner Whitted. An Improved Illumination Model for Shaded Display[J]. ACM,1980,23：343-349 .

[30] 江修,张焕春,经亚枝.三像素宽反走样直线的绘制算法研究[J].南京航空航天大学学报,2003,35(2)：148-151.

[31] 孔令德 .计算机图形学基础教程(Visuall C++ 版)[M].2 版. 北京：清华大学出版社,2013.

[32] 孔令德.计算机图形学实践教程(Visual C++ 版)[M].2 版. 北京：清华大学出版社,2013.

[33] 孔令德,等.计算几何算法与实现(Visual C++ 版)[M].北京：电子工业出版社,2017.

[34] 孔令德,康凤娥.计算机图形学基础教程(Visual C++ 版)习题解答与编程实践[M].2 版. 北京：清华大学出版社,2019.

[35] 孔令德,康凤娥.计算机图形学实验及课程设计(Visual C++ 版)[M].2 版. 北京：清华大学出版社,2018.

[36] 孙鑫,余安萍.Visual C++ 深入详解[M].北京：电子工业出版社,2006.

[37] 向世明.Visual C++ 数字图像与图形处理[M].北京：电子工业出版社,2002.